Schriftenreihe aus dem Institut für Strömungsmechanik

Herausgeber
J. Fröhlich, S. Odenbach, K. Vogeler

Institut für Strömungsmechanik
Technische Universität Dresden
D-01062 Dresden

Band 3

Gerd Mutschke

Über den Einfluss von Magnetfeldern auf Strömung und Stoffübergang bei der elektrochemischen Metallabscheidung

TUD_press_
2013

Die vorliegende Arbeit wurde am 18. September 2012 an der Fakultät Maschinenwesen der Technischen Universität Dresden als Dissertation eingereicht und am 28. März 2013 erfolgreich verteidigt.

This work was submitted as a PhD thesis to the Faculty of Mechanical Science and Engineering of TU Dresden on 18 September 2012 and successfully defended on 28 March 2013.

Gutachter | Reviewers
Prof. Dr.-Ing. habil. Jochen Fröhlich, TU Dresden
Prof. Dr. rer. nat. habil. Andreas Bund, Technische Universität Ilmenau

Bibliografische Information der Deutschen Nationalbibliothek
Die Deutsche Nationalbibliothek verzeichnet diese Publikation in der Deutschen Nationalbibliografie; detaillierte bibliografische Daten sind im Internet über http://dnb.d-nb.de abrufbar.

Bibliographic information published by the Deutsche Nationalbibliothek
The Deutsche Nationalbibliothek lists this publication in the Deutsche Nationalbibliografie; detailed bibliographic data are available in the Internet at http://dnb.d-nb.de.

ISBN 978-3-944331-40-9

Verlag der Wissenschaften GmbH
Bergstr. 70 | D-01069 Dresden
Tel.: 0351/47 96 97 20 | Fax: 0351/47 96 08 19
http://www.tudpress.de

Gesetzt vom Autor. | Typeset by the author.
Printed in Germany.

Über den Einfluss von Magnetfeldern auf Strömung und Stoffübergang bei der elektrochemischen Metallabscheidung

Von der Fakultät Maschinenwesen

der

Technischen Universität Dresden

zur

Erlangung des akademischen Grades

Doktoringenieur (Dr.-Ing.)

angenommene Dissertation

Dipl.-Phys.

Gerd Mutschke

Tag der Einreichung:	18. September 2012
Tag der Verteidigung:	28. März 2013
Gutachter:	Prof. Dr.-Ing. habil. J. Fröhlich
	Prof. Dr. rer. nat. habil. A. Bund (Technische Universität Ilmenau)
Vorsitzender der Promotionskommission:	Prof. Dr.-Ing. B. Kieback

Inhaltsverzeichnis

1 Einleitung

1.1 Vorbetrachtung und Zielstellung

Die vorliegende Arbeit widmet sich der Untersuchung von Strömung und Stoffübergang bei elektrolytischen Abscheidungen von Metallen unter dem Einfluss elektromagnetischer Kräfte. Die Wechselwirkung von elektromagnetischen Feldern und der Strömung elektrisch leitfähiger Medien ist einerseits Gegenstand der Magnetohydrodynamik (MHD), welche die Verbindung zwischen der Elektrodynamik der Physik und der Strömungsmechanik darstellt. Darüber hinaus betreffen die Untersuchungen zum Stoffübergang bei Elektrolysevorgängen das Gebiet der Elektrochemie. Dabei wird das Teilgebiet, das sich mit dem Einfluss von Magnetfeldern beschäftigt, meist als Magnetoelektrochemie bezeichnet.
Für Übersichtsdarstellungen der Magnetohydrodynamik sei auf Shercliff (1965), Moreau (1990) und Davidson (2001) verwiesen. Kraftwirkungen elektromagnetischer Felder auf elektrisch leitfähige Flüssigkeiten sind seit den Pionierarbeiten von Michael Faraday (1791-1867) bekannt. So werden heute flüssige Metallströmungen vielfach kontaktlos mittels einer elektromagnetischen Pumpe angetrieben. Darüber hinaus existieren auch Rückwirkungen der Strömung auf die elektromagnetischen Felder. In extremer Weise wird dies am sogenannten Dynamoeffekt sichtbar, wo beispielsweise die Strömung des flüssigen Erdkerns zur Ausbildung des Magnetfeldes der Erde führt (siehe z.B. Gailitis u. a. (2000)). Die in dieser Arbeit dargestellten Ergebnisse beschränken sich jedoch auf Strömungen im Labormaßstab, wo eine solche Intensität der Rückwirkung in der Regel nicht erreicht wird und man von Magnetfeldänderungen absehen kann. Darüber hinaus ist die elektrische Leitfähigkeit der hier untersuchten wässrigen Elektrolyte relativ gering, und bei Strömungen mit moderater Geschwindigkeit kann in der Regel auch von den induzierten Strömen abgesehen werden. Damit sind ausreichende Kraftwirkungen durch Lorentzkräfte nur zu erreichen, indem zusätzliche Ströme in das Fluid eingebracht werden. Dies ist bei elektrochemischen Vorgängen natürlicherweise der Fall, weshalb sich hier die Anwendung von Magnetfeldern zur kontaktlosen Beeinflussung von Strömung und Stoffübergang als eine komfortable Möglichkeit anbietet.
Im Hauptteil der vorliegenden Arbeit wird der Einfluss magnetischer Felder auf elektrochemische Metallabscheidungen untersucht. Die vorgestellten eigenen Ergebnisse wurden mittels numerischer Simulationen erarbeitet, wobei verschiedene kommerzielle Finite-Elemente Codes zur Anwendung kamen. Untersucht werden verschiedene einfache Modelle kleiner Elektrolysezellen mit Abmessungen im Zentimeter-Bereich, in denen gegebenenfalls im gesamten Raumbereich Volumenkräfte erzeugt und somit die elektrochemischen Vorgänge beeinflusst und kontrolliert werden können. Im Mittelpunkt steht der Zusammenhang zwischen der durch magnetische Kräfte angetriebenen Konvektion und den daraus resultierenden Auswirkungen auf den lokalen und integralen Stoffumsatz. Hierzu werden quaderförmige Elektrolysezellen mit vertikalen Wandelektroden bei der Kupferab-

scheidung betrachtet, in denen zunächst homogene magnetische Felder wirken.
Auf Grund der gewonnenen Erkenntnisse wurden nachfolgend Untersuchungen in speziell konfigurierten inhomogenen Magnetfeldern angestellt, in welchen deutliche Verbesserungen hinsichtlich Massenumsatz und Gleichmäßigkeit der Abscheidung erreicht werden konnten.
In einem weiteren Kapitel wird die Wirkung von Lorentzkräften und insbesondere von magnetischen Gradientenkräften an speziellen Elektroden untersucht, bei denen lokalisierte Gradienten des Magnetfeldes die Herstellung räumlich strukturierter Abscheidungen von Metallen im Sub-Millimeter-Bereich ermöglichen. In Abhängigkeit von den magnetischen Eigenschaften der Elektrolyte können so strukturierte und invers strukturierte Abscheidungen paramagnetischer und diamagnetischer Metalle erzeugt werden.

1.2 Magnetohydrodynamik

Die Darstellung der Grundgleichungen der Magnetohydrodynamik (Abkürzung: MHD) folgt in wesentlichen Teilen Shercliff (1965) und Davidson (2001). Die elektromagnetischen Felder, d.h. das elektrische Feld **E** und das magnetische Feld **B** (magnetische Induktion) werden durch die Maxwell-Gleichungen beschrieben:

$$\nabla \times \mathbf{B} = \mu \left(\mathbf{j} + \epsilon \frac{\partial \mathbf{E}}{\partial t} \right) \tag{1.1}$$

$$\nabla \cdot \mathbf{B} = 0 \tag{1.2}$$

$$\nabla \times \mathbf{E} = -\frac{\partial \mathbf{B}}{\partial t} \tag{1.3}$$

$$\epsilon \nabla \cdot \mathbf{E} = \rho_e \tag{1.4}$$

Hierbei sind ρ_e die elektrische Ladungsdichte, ϵ die elektrische Dielektrizitätskonstante und μ die magnetische Permeabilität des Mediums, und $\mathbf{j}$ bezeichnet die elektrische Stromdichte. In diesen Gleichungen ist die Erhaltung der elektrischen Ladung als weiteres fundamentales Naturgesetz bereits enthalten. Durch die Anwendung des Divergenzoperators auf das Ampere-Maxwellsche Gesetz (1.1) unter Verwendung des Gaußschen Gesetzes (1.4) erhält man:

$$\frac{\partial \rho_e}{\partial t} + \nabla \cdot \mathbf{j} = 0 \tag{1.5}$$

Nach Moreau (1990) können unter der Annahme kleiner Frequenzen bei Ladungsumverteilungen in Gleichung (1.1) die Verschiebungsströme $\epsilon \partial \mathbf{E} / \partial t$ gegenüber den Leitungsströmen $\mathbf{j}$ vernachlässigt werden. Die Ampere-Maxwellsche Gleichung (1.1) vereinfacht sich damit zum Ampereschen Gesetz

$$\nabla \times \mathbf{B} = \mu \mathbf{j}, \tag{1.6}$$

und die Ladungserhaltung (1.5) vereinfacht sich zu

$$\nabla \cdot \mathbf{j} = 0\,. \tag{1.7}$$

Das Ohmsche Gesetz verknüpft die Stromdichte im Medium mit dessen elektrischer Leitfähigkeit σ. In sich möglicherweise bewegenden Medien (Geschwindigkeit $\mathbf{u}$) lautet dieses

$$\mathbf{j} = \sigma \mathbf{E}_r = \sigma(\mathbf{E} + \mathbf{u} \times \mathbf{B}) \tag{1.8}$$

Hierbei ist $\mathbf{E}_r$ das elektrische Feld im mitbewegten Bezugssystem. Der oben genannte Ausdruck für die Stromdichte gilt genau genommen nur für nicht relativistische Geschwindigkeiten $u \ll c$, von denen hier aber ausgegangen werden kann.
Tabelle 1.1 fasst die elektrische Leitfähigkeit einiger Medien zusammen. Nicht relevant ist an dieser Stelle, wie der elektrische Leitungsvorgang im Medium stattfindet, ob es sich also z.B. um einen Elektronenleiter (Metall) oder einen Ionenleiter (Elektrolyt) handelt. Wichtig ist jedoch, dass sich die Werte der elektrischen Leitfähigkeit stark unterscheiden. Diese ist für die Gruppe stark leitfähiger Fluide (wie z.B. flüssige Metalle) um einen Faktor von ca. 10^5 größer als für schwach leitfähige Fluide wie z.B. Elektrolyte. Wie unten gezeigt wird, bewirkt dies deutliche Unterschiede sowohl hinsichtlich der Stärke der elektromagnetischen Kraftwirkung als auch bei der Rückwirkung auf die elektromagnetischen Felder.
In den folgenden Betrachtungen werden nicht-magnetische Medien angenommen [1], d.h. die

Stoff	σ[S/m]	Referenz
Natrium (400 °C)	$6 \cdot 10^6$	Moreau (1990)
Quecksilber (20 °C)	$0.7 \cdot 10^6$	Moreau (1990)
Aluminium (700 °C)	$5 \cdot 10^6$	Moreau (1990)
Stahl (1500 °C)	$10^6 ... 10^7$	Moreau (1990)
Kupfer (1100 °C)	$4. \cdot 10^6$	Davidson (2001)
Glas (1400 °C)	$10 ... 10^2$	Moreau (1990)
Meerwasser (~ 12 °C)	2-6	Tyler u. a. (1998)
1 mol/l HCl in H_2O (20 °C)	31.2	Lide (2004)
schockionisierte Luft bei Ma=15	100	Pai (1962)

Tabelle 1.1: Elektrische Leitfähigkeit σ ausgewählter Stoffe

magnetische Permeabilität entspricht dem Vakuum-Wert

$$\mu = \mu_0 = 4\pi * 10^{-7}\,\mathrm{Vs/Am}\,. \tag{1.9}$$

Durch die Wirkung elektrischer oder magnetischer Felder entstehen Kräfte auf die geladenen Teilchen im Medium. Ein sich mit der Geschwindigkeit $\mathbf{u}$ bewegendes Teilchen mit der elektrischen Ladung Q erfährt folgende Kraftwirkung:

$$\mathbf{F} = Q(\mathbf{E} + \mathbf{u} \times \mathbf{B}) \tag{1.10}$$

Hierbei bezeichnen $\mathbf{E}$ und $\mathbf{B}$ die aus allen Ladungen und Strömen resultierenden elektrischen und magnetischen Felder im ruhenden Koordinatensystem. Die Kraftwirkung

[1] Hiermit wird insbesondere die Betrachtung von Ferrofluiden und magnetischen Flüssigkeiten, welche Suspensionen ferromagnetischer Partikel darstellen, ausgeschlossen. Die in diesen Flüssigkeiten vorhandenen magnetischen Momente der Partikel erzeugen stark von der klassischen MHD abweichende Effekte und werden als eigenständiges Forschungsgebiet der Ferrohydrodynamik aufgefasst (Rosensweig 1985).

setzt sich aus der elektrostatischen Kraft und einem weiteren Term zusammen, welcher aus der Bewegung des Teilchens im Magnetfeld resultiert. Der Ausdruck in Klammern in Gl. (1.10) entspricht dem elektrischen Feld $\mathbf{E}_r$ gemessen im mitbewegten Bezugssystem des Teilchens, während das Magnetfeld invariant gegenüber einer solchen Koordinaten-Transformation ist. Integriert man diese Formel über ein Volumenelement δV der Fluidmechanik, so erhält man

$$\sum Q_i \to \delta V\, \rho_e, \qquad \sum_i Q_i \mathbf{u}_i \to \delta V\, \mathbf{j} \tag{1.11}$$

Hierbei ist $\mathbf{j}$ die Stromdichte, verursacht durch die summarische Bewegung aller freien Ladungsträger im Volumenelement. Damit folgt für die elektromagnetische Kraftdichte

$$\mathbf{f}_{elm} = \frac{\mathbf{F}}{\delta V} = \rho_e \mathbf{E} + \mathbf{j} \times \mathbf{B} \tag{1.12}$$

Eine elektrostatische Kraftwirkung entsteht, wenn sich elektrische Ladungsdichten ρ_e in einem elektrischen Feld $\mathbf{E}$ befinden. In vielen Situationen der klassischen Magnetohydrodynamik können elektrische Ladungsdichten wegen der elektrischen Neutralität des Mediums ausgeschlossen werden [2], daher werden diese Kraftwirkungen hier nicht mehr betrachtet. Damit konstatiert der Gaußsche Hüllenflusssatz (1.4) die Quellfreiheit des elektrischen Feldes:

$$\nabla \cdot \mathbf{E} = 0 \tag{1.13}$$

Der verbleibende Anteil der elektromagnetischen Volumenkraftdichte $\mathbf{f}_{elm}$ wird im Folgenden als Lorentzkraftdichte $\mathbf{f}_L$ bezeichnet und ergibt sich aus dem Kreuzprodukt der Vektoren von elektrischer Stromdichte $\mathbf{j}$ und magnetischer Induktion $\mathbf{B}$. Mit dem Ohmschen Gesetz (1.8) folgt somit

$$\mathbf{f}_L = \mathbf{j} \times \mathbf{B} = (\sigma \mathbf{E} + \mathbf{u} \times \mathbf{B}) \times \mathbf{B} \tag{1.14}$$

Die eben beschriebenen Kraftwirkungen führen zu Änderungen des Impulses im Medium. Für nachfolgend betrachtete inkompressible Flüssigkeiten mit konstanten Materialeigenschaften wird deren Impuls- und Massenbilanz durch die Navier-Stokes-Gleichung sowie die Divergenzfreiheit des Geschwindigkeitsfeldes beschrieben.

$$\rho \left(\frac{\partial \mathbf{u}}{\partial t} + (\mathbf{u} \cdot \nabla)\mathbf{u} \right) = -\nabla p + \eta \Delta \mathbf{u} + \mathbf{f}_L, \tag{1.15}$$

$$\nabla \cdot \mathbf{u} = 0 \tag{1.16}$$

Hierbei bezeichnen ρ und μ die Dichte und die dynamische Viskosität des Fluides. Die Kopplung der strömungsmechanischen und der elektromagnetischen Felder ist einerseits durch die Lorentzkraft gegeben, die das Geschwindigkeitsfeld beeinflusst, und andererseits über die Geschwindigkeitsabhängigkeit der elektrischen Stromdichte. Eine Strömung in einem äußeren Magnetfeld $\mathbf{B}_0$ induziert elektrische Ströme, die darüber hinaus eigene Magnetfelder $\mathbf{b}$ erzeugen. Die so entstehenden Lorentzkräfte beeinflussen wiederum

[2] Elektrostatische Ladungsverteilungen in elektrochemischen Doppelschichten werden im Kapitel 2 diskutiert

die Strömung. Bildet man die Rotation des Ohmschen Gesetzes und setzt die Maxwell-Gleichungen ein, so erhält man unter der Ausnutzung einiger Vektoridentitäten eine Evolutionsgleichung für das magnetische Feld, die auch als Induktionsgleichung bezeichnet wird:

$$\frac{\partial \mathbf{B}}{\partial t} + (\mathbf{u}\nabla)\mathbf{B} = (\mathbf{B}\nabla)\mathbf{u} + \frac{1}{\mu_0\sigma}\Delta\mathbf{B} \tag{1.17}$$

Veränderungen des Magnetfeldes erfolgen somit aufgrund seiner Kopplung mit dem Geschwindigkeitsfeld sowie aufgrund von Dissipation. Die magnetische Diffusivität

$$\lambda = \frac{1}{\mu_0\sigma} \tag{1.18}$$

ist in flüssigen Metallen sehr groß ($\lambda \sim 1\,\mathrm{m}^2/\mathrm{s}$). Aus einer Dimensionsanalyse von Gleichung (1.17) erhält man bei Vernachlässigung der Strömung mit im Labor typischen Längenskalen von $L \sim 0.1$ m so Diffusionszeiten von $\tau \sim \sigma\mu_0 L^2 \ll 1\,\mathrm{s}$. Die Entdimensionalisierung von Gleichung (1.17) mit einer charakteristischen Länge L, einer charakteristischen Geschwindigkeit U und einer charakteristischen Magnetfeldstärke B_0 führt vor dem diffusiven Term zu einem Faktor $1/R_m$. Die dimensionslose Kennzahl R_m wird als magnetische Reynoldszahl bezeichnet und beschreibt das Verhältnis von konvektivem zu diffusivem Transport des Magnetfeldes:

$$R_m = \frac{UL}{\lambda} = UL\mu_0\sigma \tag{1.19}$$

Damit ist mit im Labormaßstab typischen Werten von etwa $L \sim 0.1$ m und $U \sim 0.1\,\mathrm{m/s}$ die magnetische Reynoldszahl von Flüssigmetallströmungen viel kleiner als Eins. Im Fall von schwach elektrisch leitfähigen Flüssigkeiten wie wässrigen Elektrolyten ist diese Bedingung natürlich ebenfalls erfüllt.

Aus einer Dimensionsanalyse des Ohmschen Gesetzes (1.8) folgt, dass die induzierten Ströme von der Größenordnung

$$j_{ind} \sim \sigma U B_0 \tag{1.20}$$

sind. Hierbei bezeichnet B_0 ein von außen angelegtes magnetisches Feld. Damit folgt aus dem Ampereschen Gesetz (1.6) für die Größenordnung des induzierten Magnetfeldes b die Relation

$$b \sim R_m \cdot B_0 \tag{1.21}$$

In kosmischen Anwendungen sind allein aufgrund der involvierten großen charakteristischen Längen große magnetische Reynoldszahlen anzutreffen, wobei man wegen der langen charakteristischen Diffusionszeiten von "eingefrorenen" Magnetfeldern spricht. Im Labormaßstab gilt jedoch wie oben gezeigt in vielen Fällen $R_m \ll 1$, womit das durch die elektrischen Ströme induzierte Magnetfeld viel kleiner als das äußere Magnetfeld ist. Häufig wird deshalb auf die „induktionsfreie Näherung“ zurückgegriffen, die das induzierte Magnetfeld in der Lorentzkraft vernachlässigt (Moreau 1990; Shercliff 1965). Damit vereinfacht sich der Charakter der Wechselwirkung wesentlich, da das Strömungsfeld nun keinen Einfluss auf das Magnetfeld mehr ausübt. Im Fall von hier betrachteten zeitunabhängigen externen Magnetfeldern verschwindet zusätzlich die Zeitableitung im Induktionsgesetz (1.3) (Dem entsprechende Näherungen werden in Davidson (2001) auch als „quasistatische Approximation“ bezeichnet). Da das elektrische Feld nun rotationsfrei ist (s. Gl. (1.3)), kann es als Gradient eines skalaren elektrischen Potentials Φ dargestellt werden:

$$\mathbf{E} = -\nabla\Phi \tag{1.22}$$

Aus der Ladungserhaltung und dem Ohmschen Gesetz (1.8) erhält man eine Poisson-Gleichung zur Bestimmung von Φ:

$$\Delta\Phi = \mathbf{B}_0 \cdot (\nabla \times \mathbf{u}) \tag{1.23}$$

Für die Lorentzkraft ergibt sich

$$\mathbf{f}_L = \sigma(-\nabla\Phi + \mathbf{u} \times \mathbf{B}_0) \times \mathbf{B}_0 \tag{1.24}$$

Die Entdimensionalisierung der Navier-Stokes-Gleichung (1.15) führt neben der Reynoldszahl Re zu einer MHD-spezifischen dimensionslosen Kennzahl, die das Verhältnis von Lorentzkraft zu inertialen Kräften beschreibt und als Wechselwirkungsparameter N bezeichnet wird [3]:

$$N = \frac{j_{ind} B_0}{\rho U^2 / L} = \frac{\sigma B_0^2 L}{\rho U} \tag{1.25}$$

Dieser Parameter ist direkt von der elektrischen Leitfähigkeit des Mediums abhängig, so dass bei Elektrolyten wegen ihrer geringeren elektrischen Leitfähigkeit im Labor meist $N \ll 1$ gilt. Um also Kraftwirkungen auf die Flüssigkeit zu erzielen, müssen externe Ströme mit $j_{ext} \gg j_{ind}$ eingebracht werden [4]. Dies ist energetisch aufwändig, da die Energiedichte der Ohmschen Verluste mit j^2/σ skaliert. In elektrochemischen Zellen sind jedoch natürlicherweise große Zellstromdichten vorhanden, daher erscheint die Nutzung elektromagnetischer Kraftwirkungen als sehr attraktiv.

Zum Abschluss sollen zwei Beispiele zur Wirkung der Lorentzkraft bei Körperumströmungen gegeben werden. Im ersten Fall wird die Strömung einer stark leitfähigen Flüssigkeit (z.B. ein Flüssigmetall, $\sigma \sim 10^6\,\mathrm{S/m}$) um einen Zylinder in einem räumlich konstanten Magnetfeld betrachtet, das parallel zur Anströmrichtung orientiert ist. Obwohl induzierte Magnetfelder wegen $R_m \ll 1$ vernachlässigt werden können, entstehen durch induzierte Ströme Lorentzkräfte. Diese dämpfen Geschwindigkeitskomponenten normal zur Magnetfeldrichtung und führen in Abhängigkeit von der Stärke des Magnetfeldes zur Unterdrückung der Wirbelablösung. Abb. 1.1 zeigt links die Linie kritischer Stabilität für die zweidimensionale Zylinderumströmung im strömungsparallelen Magnetfeld. Das Verhalten des kritischen Wechselwirkungsparameters N über der Reynoldszahl folgt etwa einem Wurzelverhalten (aus Mutschke u. a. (1997)). Bedingt durch die räumlich anisotrope Wirkung der Lorentzkraft werden 2D- und 3D-Strömungsinstabilitäten unterschiedlich beeinflusst. So ist es möglich, dass bei der Zylinderumströmung unter Magnetfeldeinfluss die stationäre 2D-Strömung 3D-instabil wird. Abb. 1.1 zeigt rechts bei einer Reynoldszahl von $Re = 200$ das Verhalten der Wachstumsrate der 3D-Instabilität σ_E in Abhängigkeit vom Wechselwirkungsparameter N. Hierbei wurde die instabilste Wellenzahl $k_z = 1.6$ betrachtet, die Längenskalen von etwa 4 Zylinder-Durchmessern entspricht. Deutlich erkennt man ein 3D-instabiles Verhalten bei $N \approx 0.27$ sowie insgesamt ein kompliziertes nicht-monotones Verhalten der Wachstumsrate σ_E. Weitergehende Diskussionen finden sich in Mutschke u. a. (2001).

Der zweite Fall behandelt die Umströmung eines angestellten Ruderprofils in einem Elek-

[3] Die in der MHD ebenfalls gebräuchliche Hartmannzahl Ha ergibt sich aus der Relation $N = Ha^2/Re$ und beschreibt das Verhältnis von elektromagnetischen Kräften zu Reibungskräften.

[4] Für die im folgenden untersuchten Elektrolysezellen gilt mit $\sigma \sim 1\,\mathrm{S/m}$, $U \sim 10^{-2}\,\mathrm{m/s}$, $B_0 \sim 1\,\mathrm{T}$ die Abschätzung $j_{ind} \sim 10^{-2}\,\mathrm{A/m^2} \ll j_{ext} \sim 10\,\mathrm{A/m^2}$.

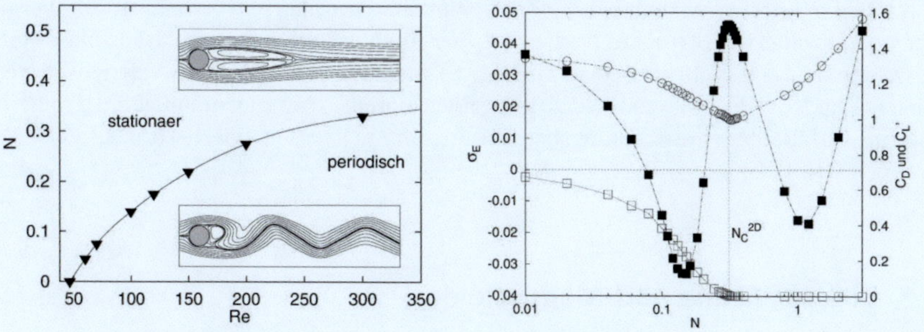

Abbildung 1.1: Links: Darstellung der Linie kritischer Stabilität für die 2D-Zylinderumströmung im parallelen Magnetfeld (aus Mutschke u. a. (1997)). Rechts: Verhalten zur 3D-Instabilität bei $Re = 200$ und $k_z = 1.6$ (aus Mutschke u. a. (2001)). Zeitgemittelter Reibungsbeiwert C_D (○), Effektivwert des Auftriebsbeiwertes C_L' (□), Wachstumsrate der 3D-Instabilität σ_E (■) über dem Wechselwirkungsparameter N.

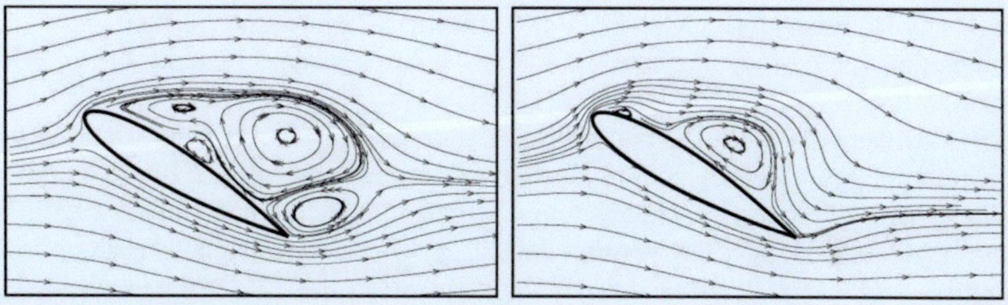

Abbildung 1.2: Stromlinien der zeitlich gemittelten Strömung bei $Re = 500$, $\alpha = 30^o$, $N = 0$ (links) und $N = 20$, $a/c = 0.1265$, $f = 0.235$ (rechts). Aus Mutschke u. a. (2006)

trolyten. Hier können aufgrund der wesentlich geringeren elektrischen Leitfähigkeit die induzierten Ströme vernachlässigt werden. Eine ausreichende Kraftwirkung durch Lorentzkräfte ist nur zu erreichen, indem zusätzliche Ströme in das Fluid eingebracht werden. Dies erfolgt mittels eines Lorentzkraftaktuators, der im vorderen Bereich des Profils auf der Saugseite angeordnet ist. Durch eine geeignete Kombination von Permanentmagneten und Elektroden kann so im wandnahen Bereich eine strömungsparallele Lorentzkraft erzeugt werden, die bei hohen Stromstärken die Ablösung der Strömung vollständig unterdrückt. Moderate Auftriebsvergrößerungen können effizienter mittels zeitlich oszillierender Lorentzkräfte erreicht werden (Mutschke u. a. 2006). Abb. 1.2 zeigt auf der linken Seite die zeitlich gemittelte Umströmung des Profils mit einer sichtbar großen Ablöseblase auf der Saugseite (Anstellwinkel $\alpha = 30^o$, Reynoldszahl $Re = 500$). Im rechten Teil der Abbildung ist die zeitlich gemittelte Umströmung unter dem Einfluss einer oszillierenden Lorentzkraft dargestellt. Der Wechselwirkungsparameter beträgt $N = 20$, und $a/c = 0.1265$ bezeichnet die mit der Ruderlänge c entdimensionalisierte Eindringtiefe der Kraft. Die mit c und der Anströmgeschwindigkeit entdimensionalisierte Frequenz der Anregung $f = 0.235$

entspricht etwa der Wirbelablösefrequenz der unkontrollierten Strömung. Im Vergleich zur unkontrollierten Strömung verringert sich die Größe der Rezirkulationsblase auf der Saugseite deutlich und führt so zu einem Anstieg des zeitgemittelten Auftriebsbeiwertes. Eine solche Kontrolle mit zeitlich oszillierenden Lorentzkräften kann auch im Transitions- und im turbulenten Umströmungsbereich angewandt werden (Gerbeth u. a. 2003; Weier und Gerbeth 2004).

1.3 Elektrochemie und Magnetfelder

Die Elektrochemie befasst sich mit den Zusammenhängen zwischen chemischen und elektrischen Vorgängen und umfasst ein breites Spektrum von Anwendungsbereichen. Hierzu gehören neben traditionellen Gebieten wie beispielsweise der Galvanik und der Elektrolyse sowie etablierten elektrochemischen Synthese- und Analyseverfahren auch moderne elektrochemische Beschichtungsverfahren in der Halbleiterherstellung. Ein aktueller Forschungsschwerpunkt befasst sich mit der Thematik Energiespeicherung (z.B. Brennstoffzellen, Batterien). Eine umfassende Einführung in die Elektrochemie findet man beispielsweise in Hamann und Vielstich (1998) und in Newman und Thomas-Alyea (2004). Zusammenhänge zur Strömungsmechanik werden insbesondere in Probstein (2003) dargestellt.
Der Einfluss magnetischer Felder auf elektrochemische Reaktionen wird seit ca. 30 Jahren intensiv untersucht und erfuhr in den letzten Jahren einen deutlichen Interessenszuwachs. Die Übersichtsarbeiten von Alemany und Chopart (2007); Fahidy (1983, 1999); Tacken und Janssen (1995) fassen den Stand der bisherigen Forschung zusammen. Während der Einfluss magnetischer Felder auf Stoffeigenschaften der Elektrolyten als gering eingeschätzt wird (Fahidy 1999), berichten viele Arbeiten von einem deutlichen Einfluss der Magnetfelder einerseits auf den Stofftransport in den Zellen und andererseits auf die Mikrostruktur und die Rauigkeit der abgeschiedenen Schichten. Ein wichtiger Aspekt bei diesen Veränderungen ist sicherlich die durch elektromagnetische Kräfte beeinflusste Konvektion des Elektrolyten. So ist z.B. bekannt, dass die Rauigkeit abgeschiedener Kupferschichten mittels zusätzlicher Konvektion reduziert werden kann (Osafo-Acquaah u. a. 2008). Bereits in den siebziger Jahren demonstrierte Aogaki den Antrieb einer elektrolytischen Kanalströmung durch Lorentzkräfte (Aogaki u. a. 1975a, b). Das Anwachsen des Stofftransports in Elektrolysezellen erklärte Fahidy (1973) mit der durch Lorentzkräfte hervorgerufenen Zwangskonvektion, welche zu einer Verringerung der Dicke der Konzentrationsgrenzschicht an der Elektrode führt (Fahidy 1973). Kim und Fahidy (1995) wiesen den starken Einfluss der Lorentzkräfte auf den Stofftransport auch in Zellkonfigurationen nach, in denen gleichzeitig die Naturkonvektion eine wichtige Rolle spielt.
In den meisten Arbeiten gelang es bisher jedoch nicht, den Magnetfeldeinfluss auf den Stofftransport befriedigend quantitativ zu beschreiben. Bisher dominieren in der Literatur Analysen, die die Wirkung der Magnetfelder auf den Grenzstrom der gesamten Zelle darstellen. Jedoch variieren in Abhängigkeit von den oftmals komplizierten Zell- und Elektrodengeometrien die erhaltenen Zusammenhänge stark. Für eine Übersicht sei auf Lioubashevski u. a. (2007b) und Lioubashevski u. a. (2007a) verwiesen. Außerdem werden bei vielen Interpretationen der Ergebnisse lokale und dreidimensionale Aspekte der Kon-

vektion unter Magnetfeldeinfluss bisher nur ungenügend berücksichtigt.
Weiterhin wurden in der jüngeren Literatur im Zusammenhang mit der Diskussion der Spezieskonzentration von Redoxpartnern an im Magnetfeld befindlichen kleinen Kreiselektroden die Existenz von so genannten Konzentrationsgradientenkräften kontrovers diskutiert. Zu vereinfachte Annahmen über die Stromdichteverteilung in der Nähe dieser Elektroden führten zu offensichtlich falschen Interpretationen von Experimenten (Leventis und Dass 2005; Leventis u. a. 2007). Coey u. a. (2007) konnte aus theoretischen Überlegungen nachweisen, dass die allein aus Konzentrationsunterschieden resultierenden Kräfte betragsmäßig viel kleiner sind als vermutet (siehe auch Abschnitt 2.2.3). Weier u. a. (2007) konnten schließlich durch eine detaillierte Untersuchung zeigen, dass die an den Kreiselektroden resultierende Lorentzkraft eine zirkulare Konvektion anfacht, die die gefundenen experimentellen Ergebnisse zufriedenstellend erklären kann.
Der Einfluss magnetischer Felder auf die Mikrostruktur der abgeschiedenen Schichten wird in einer Vielzahl von Arbeiten diskutiert, auf die hier nicht im Detail eingegangen werden kann. Für einen Überblick sei auf (Bund u. a. 2008; Coey und Hinds 2001; Fahidy 1999, 2001; Krause u. a. 2005; Tacken und Janssen 1995; Uhlemann u. a. 2003a) verwiesen. Insbesondere die elektrochemische Abscheidung von magnetischen Schichten ist von erheblichem wirtschaftlichen Interesse (magnetische Speicher), andererseits auch sehr komplex, da beispielsweise Sekundärreaktionen wie die Wasserstoffentstehung den Stofftransport und auch die Mikrostruktur der abgeschiedenen Schichten beeinflussen.
Die elektrochemische Abscheidung von Kupfer wird industriell zur Raffination des Metalls eingesetzt. Weitere Anwendungen betreffen beispielsweise die Herstellung von elektronischen Leiterplatten sowie auch Abscheideprozesse in sehr kleinen Strukturen in der Mikroelektronik. Der Prozess der Kupferelektrolyse kann ohne Sekundärreaktionen stattfinden und besitzt in der Literatur eine breite Datenbasis von Stoffwerten, deren Kenntnis für die Durchführung möglicher Simulationen eine wichtige Voraussetzung darstellt. Daher konzentrieren sich die folgenden numerischen Untersuchungen zu Elektrolyseprozessen in Magnetfeldern auf den Fall der Kupferabscheidung.
Das Vorhandensein von elektrischen Strömen in elektrochemischen Prozessen ist für magnetohydrodynamische Anwendungen sehr attraktiv, da lediglich geeignete Magnetfelder hinzugefügt werden müssen, um mittels Lorentzkräften die Strömung und den Stofftransport zu beeinflussen. Bei der potentiellen Verwendung von Permanentmagneten entfiele weiterhin der Energieaufwand zur Erzeugung der Magnetfelder. Obwohl es nach Wissen des Autors zur Zeit noch keine industriellen Anwendungen dieser Ideen gibt und die hier dargestellten Ergebnisse der Grundlagenforschung zuzuordnen sind, existieren bereits erste Vorschläge zur Optimierung von industriellen Prozessen. So schlug Weier die Ausrüstung der Elektroden von Chlor-Alkali-Elektrolysezellen mit Permanentmagneten vor, um den Stofftransport positiv zu beeinflussen (Weier und Weiss 2001). In praktischen Anwendungen bei großen typischen Stromdichten von $\sim 1\,\mathrm{kA/m^2}$ in Elektrolysezellen können ausreichend große Lorentzkräfte generiert werden.
In den folgenden Kapiteln werden Ergebnisse der Beeinflussung elektrochemischer Metallabscheidungen durch magnetische Felder dargestellt. Mittels numerischer Simulationen wird der Einfluss der hier wirkenden elektromagnetischen Kräfte auf die Konvektion des Elektrolyten, den Zellstrom, die Konzentrationsverteilung in der Zelle und den Stoffumsatz, d.h. die Dickenverteilung der an der Kathode abgeschiedenen Schichten, untersucht. Betrachtet werden elektrolytische Zellen mit Abmessungen im Zentimeter-Bereich, um die erhaltenen Resultate mit den Ergebnissen parallel ablaufender experimenteller Untersu-

chungen im Rahmen anderer Projekte im SFB 609 vergleichen zu können. Die Simulationen der Kupferelektrolyse fanden daher für verschiedene Elektrolyten bei Abscheidungen im ladungskontrollierten Bereich sowie im Grenzstrombereich statt.
Oftmals ist in elektrochemischen Systemen der Einfluss der Lorentzkraft, die im Zusammenspiel von Magnetfeld und Elektrolysestrom entsteht, dominant. Im Zusammenhang mit der Abscheidung von Metallen in inhomogenen Magnetfeldern tritt jedoch eine weitere Kraftwirkung auf, die die magnetischen Eigenschaften der beteiligten Ionen im Elektrolyten in den Vordergrund rückt (so sind beispielsweise Cu^{2+}-Ionen paramagnetisch). In gewissen Konfigurationen kann so die Wirkung der resultierenden magnetischen Gradientenkräfte die der Lorentzkräfte übersteigen. Die numerischen Untersuchungen in dieser Arbeit schließen beide genannten Kraftwirkungen ein. Insbesondere wird im letzten Kapitel dieser Arbeit untersucht, welche Rollenverteilung den beiden genannten magnetischen Kräften bei der Erzeugung strukturierter Abscheidungen an speziellen magnetischen Elektroden zukommt.

2 Elektrochemische Metallabscheidung im Magnetfeld

2.1 Elektrochemische Grundlagen

2.1.1 Elektrolyse und Stoffumsatz

Unter dem Begriff der Elektrolyse wird umgangssprachlich die Trennung von in Flüssigkeiten gelösten oder auch geschmolzenen chemischen Verbindungen durch elektrischen Strom verstanden, beispielsweise die Aufspaltung von Wasser in Sauerstoff und Wasserstoff (Brockhaus Verlag 2004). In der Elektrochemie bezeichnet dieser Begriff genauer das Erzwingen einer Redoxreaktion mit Hilfe von elektrischem Strom (Hamann und Vielstich 1998; Newman und Thomas-Alyea 2004). Hierbei laufen Oxidation und Reduktion räumlich voneinander getrennt an der jeweiligen Elektrode ab. Als Elektrolyten werden Flüssigkeiten bezeichnet, welche den elektrischen Strom durch die gerichtete Bewegung von Ionen leiten. Hierunter fallen wässrige Elektrolyten, in denen Salze, Säuren oder Basen dissoziiert sind, aber auch Salzschmelzen sowie als ionische Flüssigkeiten bezeichnete Salze, welche bereits bei Temperaturen $< 100\,°C$ flüssig sind und sich aktuell eines wachsenden Interesses erfreuen (Endres und El Abedin 2006).

Angewandt wird die Elektrolyse beispielsweise zur großtechnischen Gewinnung von Wasserstoff, Chlor und Natronlauge. Weitere bekannte Elektrolyseprozesse in wässrigen Elektrolyten sind die elektrolytische Auflösung oder Abscheidung von Metallen, z.B. das Aufbringen metallischer Beschichtungen in der Galvanik oder die Raffination von Kupfer. Der Ladevorgang eines Akkumulators stellt ebenfalls einen Elektrolyseprozess dar. Die industrielle Gewinnung von Aluminium oder Magnesium aus Salzschmelzen erfolgt als Schmelzfluss-Elektrolyse.

Das Grundprinzip einer Elektrolysezelle ist in Abbildung 2.1 dargestellt. An zwei in den Elektrolyten getauchte Elektroden wird eine elektrische Gleichspannung angelegt, wodurch in der mit dem Pluspol verbundenen Elektrode (Anode) ein Elektronenmangel und in der mit dem Minuspol verbundenen Elektrode (Kathode) ein Elektronenüberschuss entsteht. In dem resultierenden elektrischen Feld wandern die positiv geladenen Kationen des Elektrolyten zur negativ geladenen Kathode, wo sie Elektronen aufnehmen und dadurch reduziert werden. An der Anode läuft der entgegengesetzte Prozess ab. Dort geben die negativ geladenen Anionen Elektronen ab, werden also oxidiert. Die Menge der an Anode und Kathode übertragenen Elektronen ist hierbei gleich.

Die Spannung oder Potentialdifferenz, die zum Einsetzen der Elektrolyse mindestens zwischen Anode und Kathode angelegt werden muss, wird als Zersetzungsspannung U_z bezeichnet und ist neben der stattfindenden Reaktion von Temperatur, Druck sowie dem pH-Wert des Elektrolyten abhängig. Die Zersetzungsspannung kann anhand der Differenz der Redoxpotentiale der Elektrodenreaktionen ermittelt werden (Hamann und Vielstich

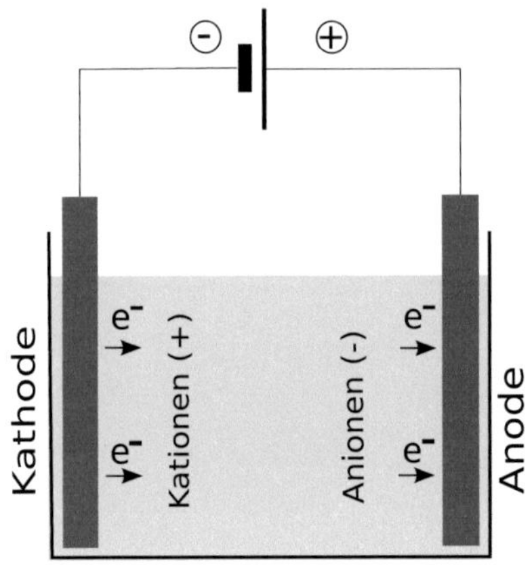

Abbildung 2.1: Schematische Darstellung einer Elektrolysezelle

1998). Jedoch tritt nicht bei allen Elektrolyseprozessen eine Zersetzungsspannung auf. Beispielsweise bestehen bei der industriellen Raffination von Kupfer sowohl Anode als auch Kathode aus Kupfer. In diesem Fall kompensieren sich die Redoxpotentiale der Elektrodenreaktionen bis auf geringe Beiträge aufgrund der unterschiedlichen Ionenkonzentrationen in der Nähe der jeweiligen Elektrode. Deshalb können bei der im Folgenden betrachteten Elektrolyse von Kupfer in den elektrochemischen Zellen mit Kupferelektroden die Zersetzungsspannungen vernachlässigt werden (Hamann und Vielstich 1998; Weier 2005). An den Elektroden findet hier folgende Ionenreaktion statt:

$$\mathrm{Cu} \rightleftharpoons \mathrm{Cu}^{2+} + 2\,\mathrm{e}^- \tag{2.1}$$

An der Anode nehmen Kupferatome zwei Elektronen auf und gehen in den Elektrolyten über, während an der Kathode die Cu^{2+}-Ionen zwei Elektronen aufnehmen und sich die Kupferatome abscheiden. Weitere Details zu diesem hier vereinfacht dargestellten Prozess finden sich im nächsten Abschnitt.

Bei der Elektrolyse wird ein Teil der aufgewendeten elektrischen Energie direkt in chemische Energie umgewandelt. Bedingt durch die endliche elektrische Leitfähigkeit des Elektrolyten entstehen Energieverluste. Die durch den Stromfluss verursachte Ohmsche Verlustleistung ist proportional zum Quadrat der Stromstärke sowie invers proportional zur elektrischen Leitfähigkeit des Elektrolyten. Aus diesem Grund werden in vielen industriellen Elektrolyseprozessen dem Elektrolyten an der Reaktion nicht teilnehmende Salze oder Säuren in hoher Konzentration (Stichwort „Leitelektrolyt“) zugegeben oder auch die Elektrolyt-Temperatur des Prozesses erhöht, um die bei gleichem Stoffumsatz aufzuwendende elektrische Leistung zu verringern.

Weitere elektrische Verluste bei Elektrolyseprozessen entstehen durch kinetisch bedingte Überspannungen zwischen Elektrode und Elektrolyt, auf die im folgenden Abschnitt genauer eingegangen wird.

Stoffumsatz - Faradaysche Gesetze

Bei der Elektrolyse findet der Elektronentransfer und damit die chemische Reaktion an den Elektroden statt. Hier erfolgt die Umwandlung einer Spezies in eine andere und somit der Stoffumsatz, beispielsweise die kathodische Abscheidung oder die anodische Auflösung eines Metalls. Der Zusammenhang zwischen Ladung und Stoffumsatz bei der Elektrolyse wird durch die Faradayschen Gesetze beschrieben (siehe z.B. Newman und Thomas-Alyea (2004)). Nach dem ersten Faradayschen Gesetz ist die während der Elektrolyse an einer Elektrode umgesetzte Stoffmenge n proportional zur im Elektrolyt transportierten (geflossenen) Ladung Q. Das zweite Faradaysche Gesetz besagt, dass die hierdurch umgesetzte Masse proportional zur Atommasse des betreffenden (abgeschiedenen) Elementes und umgekehrt proportional zur Wertigkeit seines Ions ist. Die Ladungsmenge Q, um ein Mol eines einwertigen Ions elektrolytisch abzuscheiden, ist als Faraday-Konstante F bekannt:

$$\frac{Q}{n} = e \cdot N_A = F, \qquad F = 96\,485.34\,\frac{\mathrm{C}}{\mathrm{mol}}\,. \tag{2.2}$$

Hierbei bezeichnet $e \approx 1.602 \cdot 10^{-19}$ C die Elementarladung und $N_A \approx 6.022 \cdot 10^{23}\mathrm{mol}^{-1}$ die Avogadro-Konstante, welche die Anzahl der Teilchen in einer Stoffmenge von einem Mol angibt. Bei der Abscheidung einer beliebigen Stoffmenge n eventuell mehrwertiger Ionen mit der Ladungszahl z wird dementsprechend folgende Ladung benötigt:

$$Q = n \cdot z \cdot F \tag{2.3}$$

Die hierbei abgeschiedene Masse m ergibt sich aus der molaren Masse $M = m/n$ des Elementes und unter der Annahme eines konstanten Stromes $Q = I \cdot t$:

$$m = M \cdot n = \frac{MQ}{zF} = \frac{MIt}{zF} \tag{2.4}$$

Im Fall der Abscheidung eines festen Stoffes wie z.B. eines Metalls kann man die Dicke der abgeschiedenen Schicht d mit Hilfe der Dichte ρ des festen Stoffes ermitteln. Bezeichnet A die Elektrodenfläche, so gilt mit $\rho = \frac{m}{V} = \frac{m}{d \cdot A}$ die Beziehung

$$d = \frac{m}{\rho \cdot A} = \frac{MIt}{zA\rho F} = \frac{V_m It}{zAF} \tag{2.5}$$

Hierbei wird der Quotient aus molarer Masse und Dichte als molares Volumen $V_m = M/\rho$ bezeichnet. Im Fall örtlich und zeitlich variierender Stromdichten ergibt sich für eine Abscheidedauer T die lokale Schichtdicke nach Integration über den Zeitverlauf der Stromdichte:

$$d(x,T) = \frac{m}{\rho \cdot A} = \frac{V_m}{zF} \int_0^T j(x,t)\,dt \tag{2.6}$$

Als Beispiel sei die im Folgenden untersuchte Abscheidung von Kupfer betrachtet. Dichte und molares Volumen betragen für Cu (Lide 2004):

$$\rho_{Cu} = 8.92\ \mathrm{kg/m^3} \tag{2.7}$$

$$V_m^{Cu} = 7.11 \cdot 10^{-6}\ \mathrm{m^3/mol} \tag{2.8}$$

Hier entsteht bei einer angenommenen Abscheidedauer von 5 min und einer konstanten Stromdichte von 10 $\mathrm{A/m^2}$ an der Kathode eine Kupferschicht von etwa 110 nm Dicke.

2.1.2 Elektrochemische Doppelschicht

Als elektrochemische Doppelschicht wird eine dünne Grenzschicht in Wandnähe (meist Elektrode) bezeichnet, die die Phasengrenze zwischen Elektrode und Elektrolyt umfasst. Hier stehen sich die elektrisch geladenen Schichten des Elektronenleiters (Elektrode) und des Ionenleiters (Elektrolyt) gegenüber. Aber auch an der flüssig-flüssig-Phasengrenze nicht mischbarer Elektrolyten oder an der Phasengrenze zwischen Gasblasen und Elektrolyt treten Doppelschichten auf. Da die sich gegenüberstehenden Ladungsschichten ein entgegengesetztes Vorzeichen tragen, entsteht ein elektrischer Kondensator, der bei Ladungsveränderungen der Doppelschicht z.B. durch Stromänderungen in der Zelle zu kapazitiven Effekten führen kann.
Die folgende Darstellung der Doppelschicht lehnt sich an Newman und Thomas-Alyea (2004) und Hamann und Vielstich (1998) an. Bei geladener Elektrodenoberfläche (Ladung q) richten sich die ein Dipolmoment besitzenden Wassermoleküle in Elektrodennähe aus, werden durch elektrostatische Kräfte angezogen und an der Elektrode adsorbiert. Darüber hinaus lagern sich durch spezifische Adsorption ebenfalls Ionen an. Die so entstandene Schicht wird als innere Helmholtzschicht bezeichnet und ist etwa 0.2 nm dick. Ihre Außenfläche verbindet die adsorbierten Ladungsschwerpunkte und besitzt aufgrund der vorhandenen Raumladungen q_1 ein von der Elektrode abweichendes Potential. An diese Schicht schließt sich ein Gebiet mit noch solvatisierten Ionen an, die durch elektrostatische Kräfte an die Elektrode angezogen werden. Ihre Raumladung q_2 erzeugt ein Potential mit entgegengesetztem Vorzeichen im Vergleich zum Elektrodenpotential. Der Schwerpunkt dieser Ladungen definiert die äußere Helmholtzfläche der äußeren Helmholtzschicht, die ebenfalls etwa 0.2 nm dick ist. Diese beiden Regionen werden als starre Doppelschicht bezeichnet, da in ihr die Beweglichkeit der Ionen durch die Adsorption stark eingeschränkt ist. An diese Schicht schließt sich nach außen die diffuse Doppelschicht an, in der sich die Ionen bereits frei bewegen können. Die Dicke dieser Schicht beträgt etwa 1-10 nm und ist durch eine nach außen abklingende Raumladung q_3 der Ionen gekennzeichnet. In der Summe über die Doppelschicht gilt die Neutralitätsbedingung

$$q + q_1 + q_2 + q_3 = 0, \tag{2.9}$$

so dass in Abständen $> 10\,\text{nm}$ von der Elektrode die elektrische Neutralität des Elektrolyten als gültig angesehen werden kann. Lediglich für mögliche Effekte innerhalb der Doppelschicht spielen vorhandene Raumladungen eine Rolle. Die Potentialverteilung berechnet sich dann aus der Ladungsverteilung gemäß

$$\Delta\Phi = -\frac{F}{\epsilon}\sum_i z_i c_i \tag{2.10}$$

wobei ϵ die dielektrische Konstante des Elektrolyten bezeichnet (Newman und Thomas-Alyea 2004). Eine charakteristische Länge für die Reichweite der elektrostatischen Abstoßung oder Anziehung der Ionen ist die Debye-Länge

$$\lambda = \sqrt{\frac{\epsilon RT}{F^2 \sum_i z_i^2 c_i^0}}. \tag{2.11}$$

Hierbei bezeichnen neben der Temperatur T die Größen z_i, c_i^0 und R die Ladungszahl und die Konzentration der jeweiligen Ionenart i des Elektrolyten sowie die universelle

Gaskonstante, die im Abschnitt 2.1.4 genauer eingeführt werden. Nach Newman und Thomas-Alyea (2004) beträgt die Debye-Länge in einem Elektrolyten einfach geladener Ionen bei 25 Celsius etwa 1 nm.

2.1.3 Überspannung und Elektrodenkinetik

Die folgenden Ausführungen lehnen sich an die Darstellungen in Hamann und Vielstich (1998) und Tschulik (2012) an. Auf Grund von kinetischen Hemmungen an Elektroden benötigt man häufig eine deutlich höhere Zellspannung als sich dies aus den Redoxpotentialen errechnet. Zum Erzwingen der Elektrolysereaktion ist eine Art zusätzlicher Aktivierungsenergie notwendig. Diese Überspannung ist vom Elektrodenmaterial, dessen Oberfläche und dem Elektrolyten selbst abhängig und erreicht bei Gasreaktionen (z.B. H_2, Cl_2) Werte im Voltbereich. Die eigentliche Reaktion, also der Elektronenübergang, findet an der Elektrode statt. Jedoch sind in den Gesamtprozess weitere Teilschritte involviert, die ebenfalls gehemmt sein können. Wichtige Teilschritte der Reaktion sowie die damit verbundenen Überspannungen bei der Abscheidung von Metallen sind

- diffusiver Transport der Reaktanten zur Doppelschicht der Elektrode (Diffusionsüberspannung)
- Durchtritt der Ladungsträger durch die Doppelschicht, evtl. kombiniert mit dem Entfernen von Liganden (z.B. Hydrathülle bei Metallionen) (Durchtrittsüberspannung)
- Adsorption der Ionen an der Elektrodenoberfläche (Adsorptionsüberspannung)
- Elektronentransfer, d.h. beispielsweise die Reduktion des adsorbierten Metallions an der Kathode, evtl. in mehreren Teilschritten (Reaktionsüberspannung)
- Oberflächendiffusion entlang der Elektrodenoberfläche und Einbau des Atoms in das Kristallgitter der Elektrode (Kristallisationsüberspannung)

Insgesamt bestimmt der langsamste Teilschritt die Geschwindigkeit der Gesamtreaktion. Hierbei bestimmt bei der elektrolytischen Abscheidung von Metallen meist entweder der erste Teilschritt (Diffusion, Massentransfer) oder der vierte Teilschritt (Ladungstransfer) die Geschwindigkeit.
Die Überspannung η der an der Elektrode stattfindenden Reaktion ist als Differenz zwischen dem Elektrodenpotential Φ_E und dem Gleichgewichtspotential Φ_{eq} des Elektrolyten an der Elektrode definiert:

$$\eta = \Phi_E - \Phi_{eq} \tag{2.12}$$

Bei kleinen Überspannungen ist die Reaktion ladungskontrolliert, und der Zusammenhang zwischen der Überspannung η und der Stromdichte j kann durch die sogenannte Butler-Volmer Gleichung beschrieben werden. Diese lautet im einfachsten Fall:

$$j = j_0 \left[e^{\frac{\alpha F}{RT}\eta} - e^{-\frac{(1-\alpha)F}{RT}\eta} \right] \tag{2.13}$$

Hierbei bezeichnen j_0 die Austauschstromdichte, T die Temperatur, F die Faraday-Konstante, R die universelle Gaskonstante, und α den Durchtritts- oder Symmetriefaktor, der auch als Transferkoeffizient bekannt ist.
Die Butler-Volmer-Gleichung kann aus kinetischen Erwägungen abgeleitet werden und drückt aus, dass die Geschwindigkeit einer elektrochemischen Reaktion exponentiell von der Überspannung als „treibende Kraft“ der Reaktion abhängt. Dabei ergibt sich die Stromdichte an der Elektrode aus der Differenz der Anteile von Hin- und Rückreaktion. Im Fall sehr kleiner Überspannungen ist das Verhalten der Stromdichte linear von der Überspannung abhängig. Im Fall betragsmäßig großer Überspannungen wird der Anteil einer dieser Teilreaktionen exponentiell klein und kann näherungsweise vernachlässigt werden. Man erhält dann die sogenannten Tafel-Gleichungen, die in einer logarithmischen Darstellung der Stromdichte über der Überspannung einen linearen Zusammenhang zeigen.
Die oben dargestellte Form der Butler-Volmer Gleichung gilt für Reaktionen, bei denen die Geschwindigkeit vom Ladungsdurchtritt kontrolliert wird. Im Fall sehr großer Überspannungen limitiert jedoch der diffusive Transport die Reaktionsgeschwindigkeit. Um dieses diffusionskontrollierte Regime einzubeziehen, kann man entsprechend verallgemeinerte Formulierungen der Butler-Volmer Gleichung finden (Bard und Faulkner 2001; Newman und Thomas-Alyea 2004), die die Konzentrationen der Reaktionspartner an den Elektroden als Vorfaktoren der exponentiellen Terme enthalten. Eine solche Relation wird später für die Modellierung der Kinetik bei der Kupferabscheidung verwendet.

2.1.4 Transport in verdünnten Lösungen

In Elektrolyten sind im Gegensatz zu metallischen Leitern in der Flüssigkeit frei bewegliche Ionen die Träger des elektrischen Stromes. Unter der Annahme stark verdünnter Lösungen, die hier ausschließlich betrachtet werden, kann die Flussdichte einer jeden Ionenspezies in Lösung unabhängig voneinander wie folgt angegeben werden (Newman und Thomas-Alyea 2004) :

$$\mathbf{N}_i = -z_i u_i^M F c_i \nabla\Phi - D_i \nabla c_i + c_i \mathbf{u} \tag{2.14}$$

Die Flussdichte $\mathbf{N}_i$ (Einheit mol/m^2) beschreibt die gerichtete Bewegung der Ionenspezies i aufgrund von Migration in einem elektrischen Feld $\nabla\Phi$, von Diffusion in einem Konzentrationsgradienten ∇c_i sowie von Konvektion des Elektrolyten (Geschwindigkeit $\mathbf{u}$). Hierbei bezeichnen Φ das elektrische Potential im Elektrolyten, c_i die Konzentration der Ionenspezies, z_i die (Proton-)Ladungszahl des Ions, F die bereits eingeführte Faraday Konstante, D_i den Diffusionskoeffizient der Spezies i und u_i^M die Mobilität des Ions in der Lösung. In verdünnten Elektrolyten besteht zwischen der Mobilität einer Spezies und ihrem Diffusionskoeffizienten die Nernst-Einstein Beziehung (Newman und Thomas-Alyea 2004)

$$u_i^M = \frac{D_i}{RT} \tag{2.15}$$

Die Diffusionskoeffizienten einer Spezies werden im Folgenden als Konstanten angesehen. Im Rahmen der hier betrachteten Untersuchungen wird ihre Konzentrationsabhängigkeit nur durch die Auswahl eines geeigneten Materialwertes berücksichtigt, der dem Wert des Diffusionskoeffizienten im jeweils betrachteten homogenen Elektrolyt entspricht.

Da die Ionen elektrische Ladungen tragen, ergibt sich die Stromdichte $\mathbf{j}$ im Elektrolyten (gemessen in A/m^2) als Summe aller Ionenflüsse:

$$\mathbf{j} = F \sum_i z_i \mathbf{N}_i \tag{2.16}$$

Die Materialbilanz für jede Spezies lautet:

$$\frac{\partial c_i}{\partial t} = -\nabla \cdot \mathbf{N}_i + R_i \tag{2.17}$$

Hierbei beschreibt der Quellterm R_i Reaktionen, die im Volumen des Elektrolyten stattfinden. Sind wie bei Elektrolysen die Reaktionen auf die Elektrodenoberfläche beschränkt, so entfällt dieser Term. Das Einsetzen der Flussdichte liefert unter Verwendung der Massenerhaltung eines inkompressiblen Elektrolyten $\nabla \cdot \mathbf{u} = 0$:

$$\frac{\partial c_i}{\partial t} + \mathbf{u} \cdot \nabla c_i = z_i F \nabla \cdot (u_i^M c_i \nabla \Phi) + \nabla \cdot (D_i \nabla c_i) + R_i. \tag{2.18}$$

Die $i = 1..N$ Speziesgleichungen des Elektrolyten sind über das elektrische Potential Φ miteinander gekoppelt. Die noch fehlende Gleichung zur Schließung des Gleichungssystems erhält man aus der Ladungserhaltung (siehe Gl. (2.24)).

Elektrische Neutralität

In den im Folgenden untersuchten Elektrolysezellen mit Abmessungen im Zentimeter-Bereich wird von der elektrischen Neutralität des Elektrolyten im gesamten Raumgebiet ausgegangen und die Auflösung von Ladungsverteilungen in elektrischen Doppelschichten nicht betrachtet. Die Neutralitätsbedingung lautet:

$$\sum_i z_i c_i = 0. \tag{2.19}$$

Für die Stromdichte (2.16) ergibt sich mit den Flussanteilen aus (2.14)

$$\begin{aligned} \mathbf{j} &= -F^2 \nabla \Phi \sum_i z_i^2 u_i^M c_i - F \sum_i z_i D_i \nabla c_i + F \mathbf{u} \sum_i z_i c_i \\ &= -F^2 \nabla \Phi \sum_i z_i^2 u_i^M c_i - F \sum_i z_i D_i \nabla c_i \end{aligned} \tag{2.20}$$

Wegen der Elektroneutralität (2.19) trägt die Konvektion des Elektrolyten nicht zum Stromfluss bei. Im Fall einer homogenen Konzentrationsverteilung aller Ionen $c_i = c_i^0$ vereinfacht sich diese Gleichung zu dem bekannten Ohmschen Gesetz

$$\mathbf{j} = -\kappa_H \nabla \Phi, \qquad \kappa_H = F^2 \sum_i z_i^2 u_i^M c_i^0. \tag{2.21}$$

Hierbei bezeichnet κ_H die elektrische Leitfähigkeit der homogenen Lösung. Treten lokale Konzentrationsunterschiede auf, so hängt die elektrische Leitfähigkeit κ vom Ort ab.

Erhaltung der elektrischen Ladung

Da durch die Ionen auch elektrische Ladungen transportiert werden, ist die Erhaltung der elektrischen Ladung bereits in den Transportgleichungen der Spezies enthalten. Die Multiplikation von Gleichung (2.17) mit Fz_i und die anschließende Summation über alle Spezies liefert

$$\frac{\partial}{\partial t} F \sum_i z_i c_i = -\nabla \cdot F \sum_i z_i \mathbf{N}_i + F \sum_i z_i R_i \tag{2.22}$$

Der letzte Term verschwindet, da die Summe aller Reaktionen elektrisch neutral ist. Der linke Term verschwindet ebenfalls wegen der Elektroneutralität (2.19). Der verbleibende Term ist nach (2.16) als negative Divergenz der Stromdichte darstellbar, wodurch sich die Gleichung zu

$$\nabla \cdot \mathbf{j} = 0. \tag{2.23}$$

vereinfacht. Das Einsetzen der Stromdichte aus Gleichung (2.20) ergibt damit:

$$\nabla \cdot (\kappa \nabla \Phi) + F \sum_i z_i \nabla \cdot (D_i \nabla c_i) = 0, \qquad \kappa = F^2 \sum_i z_i^2 u_i^M c_i. \tag{2.24}$$

Aus dieser Gleichung kann gegebenenfalls das elektrische Potential bestimmt werden, um das Gleichungssystem (2.18) zu schließen. Im Fall räumlich homogener Konzentrationsverteilungen ergibt sich eine konstante elektrische Leitfähigkeit κ^0, und die Gleichung vereinfacht sich zu

$$\Delta \Phi = 0 \tag{2.25}$$

Die hieraus erhaltene Stromdichteverteilung wird als primäre Stromdichte bezeichnet und ist allein durch Zell- und Elektrodengeometrie bestimmt. Beispielsweise in galvanischen Prozessen kann die Auswertung dieser Größe erste Hinweise zur Optimierung der Elektrodenanordnung liefern, um gleichmäßigere Beschichtungen zu erzielen.

2.1.5 Binäre Elektrolyten

Entsteht z.B. durch das Lösen eines einfachen Salzes ein binärer Elektrolyt, in welchem ν_+ and ν_- die stöchiometrischen Faktoren der Dissoziationsgleichung des Salzes, also die relative Anzahl der Kationen und Anionen, bezeichnen, so kann man die folgenden Vereinfachungen ableiten. Aus Kenntnis der elektrischen Neutralität des Elektrolyten (siehe Gl. (2.19)) kann man eine neue einheitliche Konzentration als Quotient der Konzentration der einzelnen Ionen mit ihren Stöchiometriefaktoren einführen:

$$c = \frac{c_+}{\nu_+} = \frac{c_-}{\nu_-} \tag{2.26}$$

Aus den beiden Speziesgleichungen (2.18) folgt unter Vernachlässigung der Reaktionsterme $R_i = 0$ somit

$$\frac{\partial c}{\partial t} + \mathbf{u} \cdot \nabla c = z_+ u_+^M F \nabla \cdot (c \nabla \Phi) + D_+ \Delta c \tag{2.27}$$

$$\frac{\partial c}{\partial t} + \mathbf{u} \cdot \nabla c = z_- u_-^M F \nabla \cdot (c \nabla \Phi) + D_- \Delta c \tag{2.28}$$

Durch Subtraktion beider Gleichungen erhält man

$$(z_+u_+^M - z_-u_-^M)F\nabla\cdot(c\nabla\Phi) + (D_+ - D_-)\Delta c = 0 \tag{2.29}$$

Mit Hilfe dieser Gleichung kann aus den Gleichungen (2.27) und folgende das elektrische Potential Φ eliminiert werden, und man erhält eine Konvektions-Diffusions-Gleichung für die modifizierte Konzentration c:

$$\frac{\partial c}{\partial t} + \mathbf{u}\cdot\nabla c = D_S\,\Delta c \tag{2.30}$$

Hierbei bezeichnet D_B den Diffusionskoeffizienten des binären Elektrolyten

$$D_B = \frac{z_+u_+^M D_- - z_-u_-^M D_+}{z_+u_+^M - z_-u_-^M}\,. \tag{2.31}$$

Unter der Voraussetzung geeigneter Randbedingungen kann somit für einen binären Elektrolyten die Konzentrationsverteilung unabhängig vom elektrischen Potential aus Gleichung (2.30) bestimmt werden. Das elektrische Potential Φ kann anschließend durch Lösung der aus (2.29) erhaltenen Gleichung ermittelt werden:

$$\nabla\cdot(c\nabla\Phi) = -\frac{1}{F}\frac{D_+ - D_-}{z_+u_+^M - z_-u_-^M}\Delta c \tag{2.32}$$

Um genauere Kenntnis über die Stromanteile in einem binären System zu gewinnen, werden die aus beiden Spezies resultierenden Terme der Stromdichte $\mathbf{j}$ in einem Migrationsanteil und einem Diffusionsanteil zusammengefasst:

$$\frac{\mathbf{j}}{z_+\nu_+F} = (z_-u_-^M - z_+u_+^M)Fc\nabla\Phi + (D_- - D_+)\nabla c \tag{2.33}$$

Im Folgenden nehmen wir an, dass nur die Kationen (Spezies +) elektrisch aktiv sind, d.h. an den Elektroden umgesetzt werden. Daher muss der Normalanteil der Flussdichte der anderen Spezies an den Elektroden verschwinden. Aus Gleichung (2.14) folgt unter Verwendung von Gleichung (2.15) sowie der Haftbedingung $\mathbf{u} = 0$ an den Elektroden:

$$0 = (N_-)_n = -z_-\frac{D_-}{RT}Fc_-(\nabla\Phi)_n - D_-(\nabla c_-)_n \tag{2.34}$$

Hierbei bezeichnet der Index n den Normalanteil des jeweiligen Vektors. Damit ergibt sich für den Gradienten des elektrischen Potentials an der Elektrode

$$(\nabla\Phi)_n = -\frac{RT}{Fz_-c_-}(\nabla c_-)_n \tag{2.35}$$

Für den Migrationsanteil der aktiven Spezies gilt somit unter Verwendung dieser Gleichung

$$j_+^{migr} = -z_+^2\frac{D_+}{RT}F^2c_+(\nabla\Phi)_n = -Fz_+D_+(\nabla c_+)_n = j_+^{diff} \tag{2.36}$$

Eine analoge Beziehung mit entgegengesetztem Vorzeichen folgt für die elektrisch inaktive Spezies. Somit gilt in einem binären Elektrolyten folgender Zusammenhang zwischen dem Migrations- und dem Diffusionsanteil der Stromdichte:

$$j_+^{migr} = j_+^{diff} \quad (\textit{aktive Spezies}) \tag{2.37}$$

$$j_-^{migr} = -j_-^{diff} \quad (\textit{passive Spezies}) \tag{2.38}$$

2.1.6 Konzentrationsverteilungen inerter Kationen

Im vorangegangenen Abschnitt wurde der einfache Fall binärer Elektrolyte untersucht. Oftmals enthält der Elektrolyt weitere Ionenarten wie zum Beispiel im Fall eines zugegebenen Leitsalzes. Im diesem Abschnitt soll das Verhalten der zusätzlich enthalten Kationen untersucht werden, von denen angenommen wird, dass sie nicht an der Elektroden-Reaktion teilnehmen („inert“). Die hier dargestellte Ableitung geht zu großen Teilen auf eine Arbeit von Wagner (1949) zurück. Der Fluss jeder Ionenspezies an der Elektrode ergibt sich unter der Annahme einer Haftbedingung für das Fluid, d.h. einer homogenen Dirichlet-Bedingung für die Geschwindigkeit $\mathbf{u} = 0$, als Summe aus dem Diffusions- und dem Migrationsanteil

$$\mathbf{N}_i = -D_i \nabla c_i - z_i \frac{D_i}{RT} F c_i \nabla \Phi \tag{2.39}$$

Multipliziert man diese Gleichung mit der Ladungszahl z_i und summiert über alle Spezies, so erhält man

$$\sum_i \mathbf{N}_i \frac{z_i}{D_i} = -\sum_i z_i \nabla c_i - \frac{F}{RT} \nabla \Phi \sum_i z_i^2 c_i \tag{2.40}$$

Der erste Term der rechten Seite verschwindet wegen der elektrischen Neutralität (2.19). Damit ergibt sich für den Potentialgradienten

$$\nabla \Phi = -\frac{RT}{F} \frac{\sum_i \frac{\mathbf{N}_i z_i}{D_i}}{\sum_i z_i^2 c_i} \tag{2.41}$$

Ersetzt man diesen in Gleichung (2.39), so erhält man für den Fluss der Spezies i

$$\mathbf{N}_i = -D_i \nabla c_i + z_i c_i D_i \frac{\sum_i \frac{\mathbf{N}_i z_i}{D_i}}{\sum_i z_i^2 c_i} \tag{2.42}$$

Im Folgenden wird angenommen, dass an der Elektrode lediglich Spezies 1 elektrisch aktiv ist, also abgeschieden oder aufgelöst wird. Daher müssen dort die Normalkomponenten der Flüsse aller inerten Ionen $k > 1$ verschwinden, und die Stromdichte an der Elektrode ist nur durch den Fluss der Spezies 1 bestimmt. Daher werden nachfolgend nur noch die Normalkomponenten der beteiligten Vektoren betrachtet. Man erhält

$$j = F z_1 (N_1)_n \qquad k > 1: \quad (N_k)_n = 0 \tag{2.43}$$

Damit vereinfacht sich der Zähler des Bruches in Gleichung (2.42) zu

$$\sum_i \frac{(N_i)_n z_i}{D_i} = \frac{(N_1)_n z_1}{D_1} = \frac{j}{F D_1} \tag{2.44}$$

Stellt man nun Gleichung (2.42) nach dem Konzentrationsgradienten um, so erhält man

$$(\nabla c_i)_n = -\frac{(N_i)_n}{D_i} + z_i c_i \frac{j/(F D_1)}{\sum_i z_i^2 c_i} \tag{2.45}$$

Hieraus folgt mit Gleichung (2.43) für die elektrisch aktive Spezies 1

$$(\nabla c_1)_n = \frac{j}{F D_1 z_1} \left(-1 + \frac{z_1^2 c_1}{\sum_i z_i^2 c_i} \right) \tag{2.46}$$

Für alle inerten Spezies $k > 1$ gilt hingegen

$$(\nabla c_k)_n = \frac{j}{FD_1 z_1} \frac{z_1 z_k c_k}{\sum_i z_i^2 c_i} \tag{2.47}$$

Nachfolgend werden elektrisch aktive Cu^{2+}-Ionen betrachtet. Im einfachen Fall eines binären Elektrolyten aus dissoziiertem Kupfersulfat ergibt sich nach einfacher Rechnung

$$(\nabla c_{Cu^{2+}})_n = -\frac{j}{4FD_1}, \qquad (\nabla c_{SO_4^{2-}})_n = -\frac{j}{4FD_1} = (\nabla c_{Cu^{2+}})_n. \tag{2.48}$$

Im Fall hoher Konzentrationen inerter Ionen aus Leitsalzen oder -säuren können ebenfalls näherungsweise Aussagen getroffen werden. Wagner untersuchte in der Originalarbeit einen Elektrolyt aus Kupfersulfat im Beisein eines Überschusses von Schwefelsäure und nahm an, dass im Elektrolyten nur die drei Ionensorten Cu^{2+}, H^+ und SO_4^{2-} vorhanden sind. In diesem Fall gilt näherungsweise $c_{Cu^{2+}} \ll c_{H^+} \approx c_{SO_4^{2-}}$, womit folgt

$$(\nabla c_{Cu^{2+}})_n \approx -\frac{j}{2FD_1}, \tag{2.49}$$

$$(\nabla c_{H^+})_n \approx -\frac{2}{3}(\nabla c_{Cu^{2+}})_n, \tag{2.50}$$

$$(\nabla c_{SO_4^{2-}})_n \approx \frac{2}{3}(\nabla c_{Cu^{2+}})_n. \tag{2.51}$$

Im Folgenden sei angenommen, dass ein Elektrolyt aus Kupfersulfat sowie einem Überschuss von Mangansulfat in die drei Ionensorten Cu^{2+}, Mn^{2+} und SO_4^{2-} dissoziiert ist. Unter der Annahme $c_{Cu^{2+}} \ll c_{Mn^{2+}} \approx c_{SO_4^{2-}}$ folgt hier

$$(\nabla c_{Cu^{2+}})_n \approx -\frac{j}{2FD_1}, \tag{2.52}$$

$$(\nabla c_{Mn^{2+}})_n \approx -\frac{1}{2}(\nabla c_{Cu^{2+}})_n, \tag{2.53}$$

$$(\nabla c_{SO_4^{2-}})_n \approx \frac{1}{2}(\nabla c_{Cu^{2+}})_n. \tag{2.54}$$

Für den allgemeineren Fall, dass sich die Anionen des Leitsalzes von denen des Salzes des abzuscheidenden Metalls unterscheiden, erhält man in Abhängigkeit von der Wertigkeit sowie dem stöchiometrischen Verhältnis der Ionen im Salz ebenfalls eine entsprechende Zunahme der Metallionen des Leitsalzes an der Kathode. Betrachtet wird im Folgenden ein aus $Bi(NO_3)_3$ und $MnSO_4$ zusammengesetzter Elektrolyt, der zur Abscheidung diamagnetischer Bi^{3+}-Ionen (Bismut) verwendet werden kann (Tschulik u. a. 2011b, d). In diesem Fall erhält man nach kurzer Rechnung

$$(\nabla c_{Bi^{3+}})_n \approx -\frac{j}{3FD_1}, \tag{2.55}$$

$$(\nabla c_{Mn^{2+}})_n \approx -\frac{3}{4}(\nabla c_{Bi^{3+}})_n, \tag{2.56}$$

$$(\nabla c_{NO_3^-})_n \approx 0, \tag{2.57}$$

$$(\nabla c_{SO_4^{2-}})_n \approx \frac{3}{4}(\nabla c_{Bi^{3+}})_n. \tag{2.58}$$

Die hier abgeleiteten Ergebnisse sind unabhängig von der Stromstärke und gelten somit sowohl im ladungskontrollierten als auch im Grenzstromregime.

2.1.7 Näherungen bei Leitsalzüberschuss

Um die elektrische Leitfähigkeit des Elektrolyten zu erhöhen und damit Ohmsche Energieverluste zu verringern, werden dem Elektrolyt in elektrochemischen Prozessen oft Salze, Säuren oder Basen zugegeben, die selbst nicht an der Elektrodenreaktion teilnehmen und nachfolgend als elektrisch inaktiv oder auch als elektrisch inert bezeichnet werden. Hierdurch verringern sich die Gradienten des elektrischen Potentials, und man kann in der Materialbilanz (2.18) den Migrationsterm näherungsweise vernachlässigen. Für jede Spezies erhält man somit eine Konvektions-Diffusions-Gleichung:

$$\frac{\partial c_i}{\partial t} + \mathbf{u} \cdot \nabla c_i = D_i \, \Delta c_i \tag{2.59}$$

In einer weiteren Näherung können nach Newman und Thomas-Alyea (2004) bei hohem Leitsalzüberschuss die Gleichungen für die elektrisch inaktiven Ionen des Leitsalzes ebenfalls weggelassen werden. Man erhält so ein Gleichungssystem, das dem eines binären Elektrolyten ähnelt, wobei der Migrationsterm hier keine Rolle mehr spielt und die Gleichungen somit sofort entkoppelt sind. Daher ist in dieser Näherung ausschließlich der Einfluss der elektrisch aktiven Ionen berücksichtigt. Die Stromdichte in der Zelle kann näherungsweise aus

$$\mathbf{j} = -\sigma \nabla \Phi - zFD \nabla c \tag{2.60}$$

bestimmt werden, wobei σ eine als konstant angenommene Leitfähigkeit des Elektrolyten bezeichnet. Für weitere Ausführungen zu dieser Modellierung sei auf den Abschnitt 2.3.2 verwiesen.

Wie aus dem letzten Abschnitt entnommen werden kann, werden jedoch bei den hier beschriebenen Näherungen die Konzentrationsgradienten der elektrisch inerten Ionen an den Elektroden nicht berücksichtigt. Aus deren Summe ergeben sich Migrationsanteile der Stromdichte an der Elektrode bzw. Änderungen der Leitfähigkeit, die in dieser Modellierung nicht enthalten sind. Eine genaue quantitative Analyse der durch diese Modellierung verursachten Abweichungen steht noch aus. In Newman und Thomas-Alyea (2004) ist ein Vorschlag von Levich (1942) beschrieben, der für eine genauere Analyse den Einfluss der Ionen des Leitsalzes zumindest linearisiert berücksichtigt. Für eine weitere Diskussion damit zusammenhängender Effekte sei auf Jiang u. a. (1996) verwiesen. In Koschichow (2010) wurde ein solches einfaches Modell zur Simulation der Kupfer-Abscheidung aus einem H_2SO_4-Leitelektrolyt im Grenzstromregime eingesetzt. Ein erster Vergleich mit Simulationen bei vollständiger Modellierung der elektrochemischen Gleichungen zeigte eine gute qualitative Übereinstimmung in den Konzentrationsprofilen der Cu^{2+}-Ionen und in den durch Auftriebseffekte verursachten Geschwindigkeitsprofilen in der Zelle.

2.2 Konvektion und Stofftransport

2.2.1 Navier-Stokes Gleichung und Auftriebskräfte

Die hier betrachteten Elektrolyten können als inkompressibel angesehen werden. Somit lautet die Massenerhaltung

$$\nabla \cdot \mathbf{u} = 0 \,. \tag{2.61}$$

Hierbei bezeichnet $\mathbf{u}$ das Geschwindigkeitsfeld. Die Impulsbilanz des Elektrolyten wird durch die inkompressiblen Navier-Stokes Gleichungen beschrieben:

$$\rho \left(\frac{\partial \mathbf{u}}{\partial t} + (\mathbf{u} \cdot \nabla) \, \mathbf{u} \right) = -\nabla p + \mu \Delta \mathbf{u} + \mathbf{f} \tag{2.62}$$

Dabei bezeichnen ρ und μ die Dichte und die dynamische Viskosität des Elektrolyten sowie p dessen Druckfeld. Die auf den Elektrolyten möglicherweise einwirkenden Kraftdichten $\mathbf{f}$ bestimmen die Konvektion in der Elektrolysezelle und werden im Folgenden vorgestellt.

Die Dichte des wässrigen Elektrolyten wird durch seine Spezieszusammensetzung bestimmt. Änderungen der Konzentrationsverteilung der Spezies können gemäß Gleichung (2.18) durch Migration, Diffusion und Konvektion hervorgerufen werden. An den Elektroden entfällt der konvektive Anteil, wenn von einer entsprechenden Haftbedingung für den Elektrolyten ausgegangen wird. Verursacht durch den Stoffübergang entstehen hier meist die größten Dichteänderungen. Jedoch sind, wie weiter unten gezeigt werden wird, in den hier untersuchten Elektrolyten die typischerweise auftretenden Dichteänderungen klein. Deshalb kann die Boussinesq-Approximation angewandt werden (Tritton 1988). In der Navier-Stokes Gleichung (2.62) wird auf der linken Seite die Dichte durch ihren Wert ρ_0 bei homogener Konzentrationsverteilung ersetzt. Die Dichteänderung des Elektrolyten kann weiter als lineare Funktion der Konzentrationen der im Elektrolyt enthaltenen Spezies aufgefasst werden.

$$\rho - \rho_0 = \rho_0 \sum_i \beta_i (c_i - c_i^0) \tag{2.63}$$

Hierbei werden die Faktoren β_i in Analogie zum thermisch verursachten Auftrieb als Ausdehnungskoeffizienten bezeichnet, und c_i^0 beschreibt die Konzentration der entsprechenden Spezies im homogenen Zustand des Elektrolyten vor Einsetzen der Elektrodenreaktion. Somit kann die Auftriebskraft in der Elektrolysezelle in einen konstanten Anteil, basierend auf der homogenen Dichte des Elektrolyten ρ_0, und in einen variablen Anteil, der von der Konzentration der Spezies abhängt, aufgeteilt werden. In den hier untersuchten abgeschlossenen Elektrolysezellen trägt der konstante Anteil dieser Kraft nur zum Druck in der Zelle bei, kann aber keine Konvektion erzeugen, und wird daher im Folgenden weggelassen. Der für die Navier-Stokes Gleichung verbleibende Auftriebsterm lautet:

$$\mathbf{f}_A = \rho_0 \mathbf{g} \sum_i \beta_i (c_i - c_i^0) \tag{2.64}$$

Hierbei bezeichnet $\mathbf{g} \approx -9.81\,\mathrm{m/s^2}\,\mathbf{e}_z$ den Vektor der Erdbeschleunigung.
Abbildung 2.2 zeigt das Verhalten der Dichte zweier wässriger Elektrolyte in Abhängigkeit

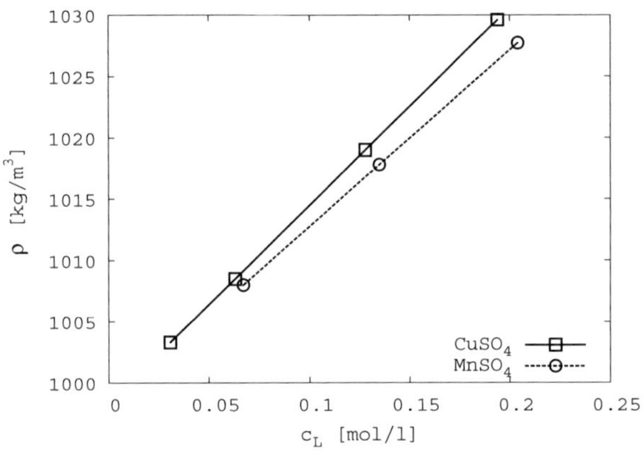

Abbildung 2.2: Dichte ρ zweier wässriger Elektrolyten in Abhängigkeit von der Konzentration des Salzes c_L. Daten aus Lide (2004).

von der Konzentration des gelösten Salzes. Aus dem linearen Zusammenhang der Größen kann der Ausdehnungskoeffizient der jeweiligen Lösung β_L gewonnen werden. Die Ausdehnungskoeffizienten der Lösungen genügen, um die Auftriebskräfte von binären oder zusammengesetzten Elektrolyten zu berechnen. Im Fall eines binären Elektrolyten erhält man unter der Annahme der vollständigen Dissoziation des Salzes in Spezies 1 und 2 für die Auftriebskraft

$$\mathbf{f}_A = \rho_0 \mathbf{g}(\beta_1(c_1 - c_1^0) + \beta_2(c_2 - c_2^0)) \tag{2.65}$$

Aus Gründen der elektrischen Neutralität des Elektrolyten sind die Konzentrationen beider Spezies jedoch nicht unabhängig. Im Fall des Kupfersulfats gilt beispielsweise $c_1 = c_2$. Somit kann Gleichung (2.65) umgeformt werden in

$$\mathbf{f}_A = \rho_0 \mathbf{g} \beta_L (c_1 - c_1^0), \qquad \beta_L = \beta_1 + \beta_2 \,. \tag{2.66}$$

Hierbei bezeichnet β_L den oben genannten Ausdehnungskoeffizienten des Elektrolyten. Für Kupfersulfatlösungen bei kleinen Konzentrationen (siehe Abb. 2.2) beträgt dieser $\beta_L \sim 165\,\mathrm{dm^3/mol}$.

Im Fall eines $CuSO_4$-Elektrolyten mit einem $MnSO_4$-Leitsalz kann man unter der Voraussetzung vollständiger Dissoziation näherungsweise von den drei Ionensorten Cu^{2+}, Mn^{2+} und SO_4^{2-} mit den Indizes 1,2 und 3 ausgehen. Wegen der elektrischen Neutralität gilt $c_3 = c_1 + c_2$. Somit folgt für die Auftriebskraft

$$\begin{aligned} \mathbf{f}_A &= \rho_0 \mathbf{g} \left[\beta_1(c_1 - c_1^0) + \beta_2(c_2 - c_2^0) + \beta_3(c_3 - c_3^0)\right] && (2.67) \\ &= \rho_0 \mathbf{g} \left[\beta_{L1}(c_1 - c_1^0) + \beta_{L2}(c_2 - c_2^0)\right] && (2.68) \end{aligned}$$

Hierbei gilt für die Ausdehnungskoeffizienten der beiden Lösungen

$$\beta_{L1} = \beta_1 + \beta_3, \qquad \beta_{L2} = \beta_2 + \beta_3 \tag{2.69}$$

Abschließend sei bemerkt, dass die dynamische Viskosität der Elektrolyte bei den hier betrachteten kleinen Konzentrationen ebenfalls linear von den Konzentrationen der gelösten Salze abhängt. Die Änderungen in Abhängigkeit von den oben betrachteten Konzentrationen bewegen sich wie bei den Dichten im einstelligen Prozentbereich (Koschichow 2010; Lide 2004) und werden im Folgenden vernachlässigt.

2.2.2 Lorentzkräfte und MHD-Effekt

Abbildung 2.3 zeigt links schematisch den typischen Verlauf der Stromstärke einer Elektrolysezelle über der angelegten Spannung (Probstein 2003). Bei kleinen Spannungen ist die Elektrodenreaktion ladungskontrolliert, und die Stromstärke steigt zunächst linear an. Die weitere Erhöhung der angelegten Spannung führt jedoch zu einem Abweichen vom linearen Verhalten, da die diffusiven Prozesse in den Konzentrationsgrenzschichten der Elektroden den Stofftransport zunehmend limitieren. Eine weitere Erhöhung der angelegten Spannung (Region II) kann schließlich die Reaktionsrate nicht weiter steigern, womit sich ein Plateau in der Strom-Spannungs-Kennlinie ausbildet. In diesem Spannungsbereich limitieren die Diffusionsvorgänge in der Grenzschicht den Stofftransport, deshalb nennt man dieses Regime „diffusionskontrolliert“und die zugehörige Stromdichte „Grenzstromdichte“. Bei weiterer Erhöhung der Spannung (Region III) können möglicherweise Sekundärreaktionen wie z.B. die Bildung von Wasserstoff an der Kathode einsetzen, womit der Zellstrom wieder ansteigt.

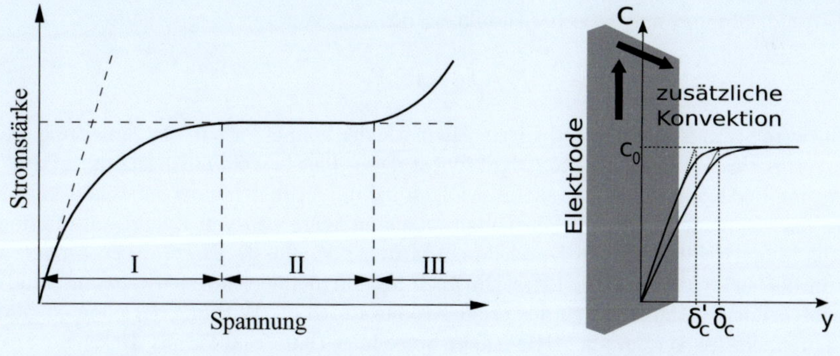

Abbildung 2.3: Links: Charakteristische Spannungs-Strom-Kennlinie einer Elektrolysezelle. Das Plateau der Stromstärke (Spannungsbereich II) definiert die Grenzstromstärke bzw. Grenzstromdichte. Rechts: Zusätzliche Konvektion (hier parallel zur Elektrodenoberfläche) führt angereicherten Elektrolyt an die Elektrode heran und bewirkt so eine dünnere Konzentrationsgrenzschicht $\delta_c' < \delta_c$.

Im Grenzstromregime limitiert die Diffusion den Stofftransport an der Kathode, wodurch die Konzentration der elektrisch aktiven Ionen (z.B, der Metallionen) an der Kathodenoberfläche auf den Wert Null absinkt, $c = 0$. Nimmt man weiter an, dass im Elektrolyten ein Leitsalz im Überschuss („supporting electrolyte“) vorhanden ist, so kann man wegen der hohen elektrischen Leitfähigkeit des Elektrolyten in der dünnen Konzentrationsgrenzschicht an der Kathode ($\delta_c \sim 30 - 300\,\mu$m, siehe Abschnitt 2.3) den Potentialabfall vernachlässigen. Schätzt man weiter die Normalkomponente des Konzentrationsgradienten an der Elektrode als Quotient von ungestörter Elektrolyt-Konzentration c_0 und Dicke der Konzentrationsgrenzschicht δ_c ab, so ergibt sich aus Gleichung (2.20) für den Betrag der Grenzstromdichte näherungsweise

$$j_L = DzF\,(\nabla c)_n \sim DzF\,\frac{c_0}{\delta_c} \tag{2.70}$$

Unter der Annahme eines konstanten Diffusionskoeffizienten kann die Grenzstromdichte somit einerseits über die Elektrolytzusammensetzung, d.h. die Konzentration der elektrisch aktiven Kationen c_0, und andererseits über die Dicke der Konzentrationsgrenzschicht beeinflusst werden. Oft ist in technischen Prozessen bei der Metallabscheidung das Potential zur Erhöhung des Grenzstromes über eine Konzentrationserhöhung des Metallsalzes bereits ausgeschöpft. Somit verbliebe wegen der inversen Proportionalität von j_L und δ_c in Gleichung (2.70) nur die Verringerung der Dicke der Konzentrationsgrenzschicht. Hieraus resultiert der Gedanke, durch „Rühren“, also das Erzeugen von zusätzlicher Konvektion, angereicherten Elektrolyt aus anderen Regionen wie z.B. dem Inneren der Zelle an die Elektrode heranzuführen. Dies (siehe Abb. 2.3 rechts) würde zu dünneren Konzentrationsgrenzschichten und damit zu höheren Grenzstromdichten in der Zelle führen.
Eine Grundidee der Anwendungen elektromagnetischer Kräfte besteht nun darin, mittels magnetischer Felder im Zusammenwirken mit dem bei Elektrolysen vorhandenen Zellstrom Lorentzkräfte zu erzeugen, die die Konvektion in der Zelle anfachen und damit den Grenzstrom beeinflussen. Die Lorentzkraftdichte ergibt sich hierbei als Kreuzprodukt von Zellstromdichte und magnetischer Induktion des angewandten Magnetfeldes

$$\mathbf{f}_L = \mathbf{j} \times \mathbf{B} \tag{2.71}$$

(Induzierte Ströme und auch induzierte Magnetfelder können, wie in der Einleitung dargelegt, vernachlässigt werden). Die Attraktivität dieser Idee besteht einerseits darin, dass die Anregung der Konvektion kontaktlos erfolgen kann. Darüber hinaus entstehen beispielsweise bei der Anwendung von Permanentmagneten keine weiteren Energieaufwendungen für die Magnetfelderzeugung. Durch Magnetfelder beeinflusste Elektrolysevorgänge werden in der elektrochemischen Literatur auch als Magnetoelektrolysen benannt, und die entsprechenden Veränderungen des Grenzstromes durch die Wirkung der oben eingeführten Lorentzkräfte werden als MHD-Effekt bezeichnet (Kim und Fahidy 1995).
In Spezialfällen kann der Einfluss von homogenen Magnetfeldern auf die Stromdichte exakt berechnet werden. So folgt für Kreiselektroden (Durchmesser L) unter der Annahme einer senkrechten Stromdichte bei einer elektrodenparallelen Überströmung (Geschwindigkeit U) für große Peclet-Zahlen $Pe = UL/D \gg 1$ im Grenzstromregime die Leveque-Lösung für den Strom über die Elektrode (Leveque 1928)

$$I_L \approx 0.6794\,nFc_0(L^5D^2\alpha)^{1/3} \tag{2.72}$$

Hierbei bezeichnet α den Geschwindigkeitsgradienten an der Elektrode. Unter der Annahme eines elektrodenparallelen Magnetfeldes, welches normal zur Anströmrichtung orientiert ist, ändert sich die Überströmungsgeschwindigkeit U, und man kann von einer

Veränderung des Geschwindigkeitsgradienten α ausgehen, die proportional zur Magnetfeldstärke B ist. Hiermit folgt aus (2.72) eine Abhängigkeit der Stromstärke

$$I_L \sim B^{1/3} . \tag{2.73}$$

welche für elektrodenparallele Magnetfelder durchaus charakteristisch ist. Erste experimentelle Ergebnisse zum Einfluss von Magnetfeldern auf die Konvektion in Elektrolysezellen wurden von Shizuo Fujiwara u. a. (1968) vorgestellt. 1975 untersuchte Aogaki die elektromagnetisch angetriebene Durchströmung eines Kanals, der in Abb. 2.4 skizziert ist. Zwei gegenüberliegende Wandelektroden erzeugen einen hauptsächlich vertikal orientierten Elektrolysestrom, der im Zusammenspiel mit einem horizontal und normal zur Zeichenebene orientierten Magnetfeld eine Lorentzkraft erzeugt, die den Elektrolyt durch den Kanal strömen lässt. Für die Abhängigkeit der Stromdichte von der Stärke des Magnetfeldes und der Elektrolytkonzentration erhielt Aogaki den Zusammenhang (Aogaki u. a. 1975a, b)

$$I \sim c_0^{4/3} B^{1/3} . \tag{2.74}$$

Dieser Exponent im Fall elektrodenparalleler Magnetfelder ist natürlich nicht universell gültig und hängt in anderen Elektrolysezellen von den jeweiligen Geometriegegebenheiten wie Zellform sowie Größe und Position der Elektroden ab. Nach Lioubashevski u. a. (2007b) wird in der Literatur von Exponenten im Bereich von 0.25-1.6 berichtet, womit auch Verringerungen der Stromstärke möglich sind (siehe z.B. auch Kim und Fahidy (1995)) Für Fitfunktionen im Fall normal zur Elektrodenoberfläche orientierter Magnetfelder sei auf die Literaturübersicht in Lioubashevski u. a. (2007a) verwiesen.

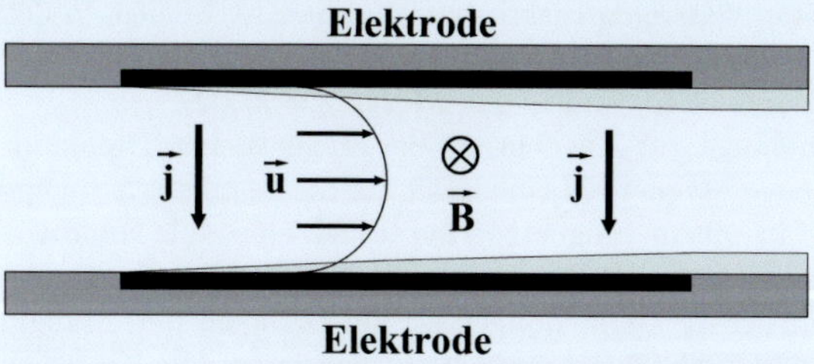

Abbildung 2.4: Prinzipskizze des Experimentes von Aogaki u. a. (1975a). Die Konzentrationsgrenzschicht ist hellgrau markiert.

2.2.3 Kräfte in magnetisierbaren Medien

Während Lorentzkräfte aus der Bewegung freier Ladungsträger in einem Magnetfeld resultieren, tritt in inhomogenen Magnetfeldern eine weitere magnetische Kraft auf, deren Existenz an eine Magnetisierung des vom Magnetfeld durchdrungenen Mediums geknüpft ist. Ursache dieser Kraftwirkung können somit einerseits von außen aufgeprägte räumlich inhomogene Magnetfelder sein, und andererseits können in solchen magnetisierbaren Medien auch inhomogene Konzentrationsverteilungen der vorhandenen magnetischen Teilchen Anlass zu Inhomogenitäten in der Magnetfeldverteilung geben [1]. Magnetisierbare Medien enthalten Teichen, die magnetische Dipole tragen und somit in einem Magnetfeld Drehmomente und Kräfte erfahren (Jackson 2001). Zu erwähnen sind hier beispielsweise Ferrofluide als spezielle Suspensionen, in denen sich nano- bzw. mikrometergroße ferromagnetische Teilchen befinden. Hier werden unter dem Einfluss äußerer Magnetfelder Änderungen der rheologischen Eigenschaften der Flüssigkeit beobachtet (Blums u. a. 1997; Odenbach 2002; Rosensweig 1985). In den im Folgenden betrachteten wässrigen Elektrolyten sind die vorhandenen magnetischen Momente der Ionen und Moleküle wesentlich schwächer. Das auf die magnetischen Dipole wirkende Drehmoment führt im Wechselspiel mit der thermischen Bewegung der Ionen in der Flüssigkeit nur zu einer schwachen makroskopischen Magnetisierung. In Abhängigkeit von der parallelen oder antiparallelen Ausrichtung der Dipole werden Para- und Diamagnetika unterschieden. Bei den hier vorgestellten Überlegungen spielen zeitliche Feldveränderungen keine Rolle. Die Ausrichtung der magnetischen Momente im Magnetfeld $\mathbf{H}$ erzeugt eine makroskopische Magnetisierung $\mathbf{M}$ des Mediums, die zur magnetischen Induktion $\mathbf{B}$ beiträgt. Im Medium gilt folgende Relation

$$\mathbf{B} = \mu_0(\mathbf{H} + \mathbf{M}) = \mu_0\mu_r\mathbf{H} = \mu\mathbf{H} \tag{2.75}$$

Hierbei bezeichnen μ_0, μ_r und μ die Permeabilität des Vakuums, die relative Permeabilität und die magnetische Permeabilität des Mediums. Für den Zusammenhang zwischen Magnetisierung $\mathbf{M}$ und Feldstärke $\mathbf{H}$ wird weiterhin die magnetische Suszeptibilität χ eingeführt, es gilt

$$\mathbf{M} = \chi\mathbf{H}, \qquad \chi = \mu_r - 1 \tag{2.76}$$

Die hier betrachteten wässrigen Elektrolyte sind lineare Medien, in denen isotrope Materialgesetze gelten, d.h. die magnetische Permeabilität bzw. die Suszeptibilität sind skalare feldunabhängige Konstanten, und es gilt $\mathbf{M}\|\mathbf{H}$, $\chi = M/H$.

Neben dem Drehmoment zur Ausrichtung der magnetischen Dipole im Magnetfeld wirkt in einem inhomogenen Magnetfeld eine Kraft auf die magnetischen Dipole (Jackson 2001). Hieraus resultiert in einem magnetisierten Fluid eine auf Volumenelemente wirkende Kraftdichte. Diese kann aus der Divergenz des magnetischen Spannungstensors abgeleitet werden, für ausführlichere Darstellungen sei auf (Eringen und Maugin 1989; Lahoz und Walker 1975; Landau 1985; Rosensweig 1985) verwiesen. Die Kraftdichte lautet

$$\mathbf{f}_m = \mu_0 M \nabla H = \mu_0 \chi H \nabla H \tag{2.77}$$

und wird im Folgenden als magnetische Gradientenkraft oder als Kelvin-Kraft bezeichnet. Dieser Ausdruck für die Kraftdichte weist Ähnlichkeiten zur Kraftwirkung auf einen Punktdipol in einem externen Feld H_0 auf, wobei H in (2.77) das Gesamtfeld bezeichnet (Jackson 2001). Positive bzw. negative Werte der Suszeptibilität entsprechen paramagnetischem bzw. diamagnetischem Verhalten. Paramagnetische Fluide erfahren somit eine Kraftwirkung in Richtung des Feldgradienten, also in das Magnetfeld hinein, und diamagnetische eine entsprechend entgegengesetzte Kraftwirkung. Bei den hier betrachteten

[1] Da die magnetischen Eigenschaften der Teilchen z.B. von der Temperatur abhängen (Curie-Gesetz), resultieren aus einer räumlich inhomogenen Temperaturverteilung ebenfalls entsprechende Kräfte (Stichwort thermomagnetische Konvektion, Finlayson (1970); Odenbach (2002); Rosensweig (1985)), auf die im Rahmen dieser Arbeit jedoch nicht eingegangen wird.

	χ	χ_{mol}[m^3/mol]	χ_{Lsg} (1 mol/l)	Referenz
H_2O	$-9.0 \cdot 10^{-6}$			Coey u. a. (2007)
Zn^{2+}		$-1.0 \cdot 10^{-10}$	$-9.1 \cdot 10^{-6}$	Dunne und Coey (2012)
Bi^{3+}		$-5.0 \cdot 10^{-10}$	$-9.5 \cdot 10^{-6}$	Tschulik u. a. (2009)
Ti^{3+}, Cu^{2+}		$1.57 \cdot 10^{-8}$	$6.7 \cdot 10^{-6}$	Coey u. a. (2007)
V^{3+}, Ni^{2+}		$4.19 \cdot 10^{-8}$	$3.29 \cdot 10^{-5}$	Coey u. a. (2007)
Cr^{3+}, Co^{2+}		$7.86 \cdot 10^{-8}$	$6.96 \cdot 10^{-5}$	Coey u. a. (2007)
Fe^{2+}		$1.26 \cdot 10^{-7}$	$1.17 \cdot 10^{-4}$	Coey u. a. (2007)
Mn^{2+}, Fe^{3+}		$1.83 \cdot 10^{-7}$	$1.74 \cdot 10^{-4}$	Coey u. a. (2007)
Dy^{3+}		$5.94 \cdot 10^{-7}$	$5.85 \cdot 10^{-4}$	Dunne und Coey (2012)

Tabelle 2.1: Ausgewählte Stoffdaten der magnetischen Suszeptibilität χ, der molaren magnetischen Suszeptibilität χ_{mol} sowie der magnetischen Suszeptibilität einer einmolaren wässrigen Lösung χ_{Lsg} bei $T = 295\,\mathrm{K}$.

Elektrolyten ist weiter zu beachten, dass sich die Gesamtsuszeptibilität der Lösung χ_{sol} aus den Beiträgen aller in der Lösung vorhandenen magnetischen Ionen und Moleküle ergibt (Coey u. a. 2007). Im Folgenden bezeichnet χ_{H_2O} die Suszeptibilität der schwach diamagnetischen Wassermoleküle. Da alle anderen Beiträge konzentrationsabhängig sind, wird für jede Spezies eine molare magnetische Suszeptibilität χ_i^{mol} eingeführt, die sich auf eine einmolare Konzentration bezieht. Somit gilt

$$\chi = \chi_{sol} = \chi_{H_2O} + \sum_i \chi_i^{mol} c_i, \tag{2.78}$$

Die oftmals sehr geringe molare Suszeptibilität der Anionen kann im Folgenden vernachlässigt werden (Coey u. a. 2007). Die magnetische Suszeptibilität einiger Metall-Ionen sowie von Wasser und der sich ergebenden Gesamtsuszeptibilität einer einmolaren Lösung ist in Tabelle 2.1 aufgelistet. Der Paramagnetismus der hier betrachteten Ionen beruht auf nicht vollständig gefüllten inneren Elektronenschalen, die zu einem magnetischen Moment der Elektronenhülle führen („Langevin"-Paramagnetismus, siehe Rosensweig (1985)). Die seltenen Erden (Gd, Tb, Dy, Ho, Er) sowie die Eisen-Gruppe (Cr, Mn, Fe, Co, Ni) besitzen relativ stark paramagnetische Ionen. Trotzdem erkennt man, dass die magnetischen Suszeptibilitäten von einmolaren Lösungen in jedem Fall sehr klein sind und sich im Bereich von $5 \cdot 10^{-4}$ (Dy^{3+})bis $7 \cdot 10^{-6}$ (Cu^{2+}) bewegen. Das diamagnetische Verhalten von Ionen hingegen basiert auf dem magnetischen Verhalten der Atomkerne und ist im Vergleich zum Paramagnetismus ein wesentlich schwächerer Effekt (Rennert u. a. 1986). Aus diesem Grund ist der Betrag der magnetischen Suszeptibilität dieser Ionen oft wesentlich kleiner als die magnetische Suszeptibilität paramagnetischer Ionen.

In der Literatur wurde in der Vergangenheit eine weitere magnetische Kraft kontrovers diskutiert, deren Wirkung ausschließlich auf dem Vorhandensein von Konzentrationsgradienten in homogenen äußeren Magnetfeldern beruht (Krause u. a. 2004; Waskaas 1993). Folgt man Hinds u. a. (2001), so resultiert diese „Konzentrationsgradientenkraft" neben oben genannter Kelvin-Kraft aus dem Gradienten der magnetischen Energie eines Volumenelementes des Elektrolyten. Der abgeleitete Ausdruck für die Kraftdichte lautete

$$\mathbf{f}_{\nabla c} = \frac{B^2}{2\mu_0}\nabla\chi \tag{2.79}$$

So wird beispielsweise in Arbeiten von Leventis und Gao (2001) die an Mikroelektroden gefundene lokale Konvektion mit Hilfe dieser Konzentrationsgradientenkraft erklärt. Später konnten jedoch Weier u. a. (2007) nachweisen, dass sich das hier gefundene Konvektionsmuster ebenfalls zwanglos mit der Wirkung der Lorentzkraft erklären lässt. In einer Arbeit von Coey wurden darüber hinaus substantielle Fehler in der bisherigen Ableitung der Konzentrationsgradientenkraft aus der magnetischen Energie aufgedeckt (Coey u. a. 2007). Daher findet in neueren Arbeiten die angebliche Kraftwirkung nach Formel (2.79) keine Beachtung mehr (siehe z.B. Chaure und Coey (2009)).
Die allein aus der räumlich inhomogenen Konzentration magnetischer Ionen resultierende Kraftwirkung im homogenen Magnetfeld kann man aus dem Ausdruck für die Kelvin-Kraft (2.77) gewinnen. Mit $B = \mu_0(1+\chi)H$ folgt:

$$\mathbf{f}_m = \frac{\chi B}{\mu_0(1+\chi)^2}\left[\nabla B - \frac{B}{1+\chi}\nabla\chi\right] \tag{2.80}$$

Weiter kann unter der Annahme schwacher Magnetisierungen $|\chi| \ll 1$ der Gradient von B vernachlässigt werden, woraus nach Liu (2000) folgt:

$$\mathbf{f}_{\nabla c} \approx -\frac{\chi B^2}{\mu_0(1+\chi)^3}\nabla\chi \approx -\frac{\chi B^2}{\mu_0}\nabla\chi \tag{2.81}$$

Dieser Ausdruck unterscheidet sich vom oben erwähnten fehlerhaften Ausdruck der Konzentrationsgradientenkraft (2.79) um einen Faktor von -2χ. Somit ist die Größenordnung dieser Kraftwirkung wegen $|\chi| \ll 1$ in elektrochemischen Systemen sehr gering, und der experimentelle Nachweis der von ihr hervorgerufenen Effekte erscheint aus heutiger Sicht als schwierig. Darüber hinaus ist die Richtung dieser Kraftwirkung entgegengesetzt zur fälschlicherweise angenommenen.

2.3 Modellierung der Metallabscheidung

Insbesondere für die Kupferabscheidung existiert in der Literatur eine größere Anzahl numerischer Arbeiten, von denen im Folgenden einige erwähnt werden, ohne Anspruch auf Vollständigkeit zu erheben. Die ersten Simulationen mit gekoppeltem Impuls- und Stofftransport unter der Einbeziehung kinetischer Aspekte der Reaktion bei der Kupferelektrolyse stammen von Bark (1990) sowie Bark und Alavyoon (1995). Inzwischen gibt es eine große Anzahl numerischer Arbeiten aus der Gruppe von J. Deconinck aus Brüssel, die ebenfalls transiente Simulationen zur Abscheidung von Kupfer mit entsprechenden Butler-Volmer Randbedingungen umfassen (siehe z.B. Nelissen u. a. (2004), Nelissen u. a. (2007)). Von der Gruppe von A. Davydov stammen mehrere Arbeiten zur Simulation stationärer elektrochemischer Abscheideprozesse unter der Annahme verschiedener Randbedingungen an den Elektroden (siehe z.B. Volgin und Davydov (2010)). Transiente Simulationen

der Kupferabscheidung in hohen Zellen mit vertikalen Wandelektroden wurden ebenfalls von Kawai et al. aus Kyoto ausgeführt, wobei die erhaltenen Resultate gute Übereinstimmung mit experimentellen Daten zeigen (Kawai u. a. (2007), Kawai u. a. (2008), Kawai u. a. (2009)). Die Abscheidung von Kupfer in kleinen Vertiefungen im Beisein von Additiven wurde von Georgiadou u. a. (2001) simuliert, wobei hier im Zeitverlauf auftretende Veränderungen der Gestalt der Elektrode einbezogen wurden.
Im Fall der Magnetoelektrolyse existieren nur wenige numerische Arbeiten. Mit einem wesentlich vereinfachten Modell des Grenzstromregimes mit Leitsalzüberschuss, das unten detailliert beschrieben wird, haben Ngo Boum und Olivas den elektrochemischen Massentransfer in einer Kanalströmung sowie bei der Beschichtung eines Zylinders in einer Anströmung unter Magnetfeldeinfluss untersucht (NgoBoum und Alemany (1999), Olivas u. a. (2004)).

2.3.1 Allgemeines Modell der Kupferabscheidung

Mit Hilfe der in den vorangegangenen Abschnitten abgeleiteten Gleichungen zur Modellierung des Stofftransports und der Konvektion des Elektrolyten wird hier ein Modell für die elektrolytische Abscheidung von Kupfer aufgestellt. Für die hier betrachteten Elektrolyten mit geringen Konzentrationen der elektrisch aktiven Metallionen wird die Näherung unendlich verdünnter Elektrolyten verwendet (Newman und Thomas-Alyea 2004), womit im Folgenden konzentrationsunabhängige Materialparameter wie z.B. die Diffusionskoeffizienten D_i oder die dynamische Viskosität η angenommen werden. Weiterhin werden isotherme Vorgänge betrachtet. Der Stofftransport wird für jede beteiligte Spezies des Elektrolyten durch die Nernst-Planck-Gleichungen (2.18) beschrieben, wobei der Reaktionsterm weggelassen werden kann, da in dem hier betrachteten Fall Stoffumsatz lediglich an den Elektroden stattfindet. Die Gleichungen lauten

$$\frac{\partial c_i}{\partial t} + \mathbf{u} \cdot \nabla c_i = z_i F \frac{D_i}{RT} \nabla \cdot (c_i \nabla \Phi) + D_i \Delta c_i, \quad i = 1, ..., N \tag{2.82}$$

Um das Gleichungssystem für die $N+1$ Unbekannten $\Phi, c_1 ... c_N$ zu schließen, wird die elektrische Neutralitätsbedingung benötigt:

$$\sum_{i=1}^{N} z_i c_i = 0 \tag{2.83}$$

Aus der Summation der Gleichungen (2.82) über alle Spezies ergibt sich die Erhaltung der elektrischen Ladung (2.23)

$$\nabla \cdot \mathbf{j} = 0, \qquad \mathbf{j} = -F^2 \nabla \Phi \sum_i z_i^2 \frac{D_i}{RT} c_i - F \sum_i z_i D_i \nabla c_i \tag{2.84}$$

Hieraus folgt eine Bestimmungsgleichung für das elektrische Potential (2.24)

$$F \sum_i z_i^2 \frac{D_i}{RT} \nabla \cdot (c_i \nabla \Phi) + \sum_i z_i D_i \Delta c_i = 0 \tag{2.85}$$

Es genügt somit, nur $N-1$ Gleichungen von (2.82) zu berücksichtigen und die fehlende Spezies mit Hilfe der elektrischen Neutralitätsbedingung (2.83) zu ersetzen.

Die hier betrachteten Elektrolyten können weiter als inkompressibel angesehen werden. Somit lautet die Massenerhaltung

$$\nabla \cdot \mathbf{u} = 0\,. \tag{2.86}$$

Die Konvektion des Elektrolyten wird durch die inkompressiblen Navier-Stokes Gleichungen (2.62) beschrieben:

$$\rho_0 \left(\frac{\partial \mathbf{u}}{\partial t} + (\mathbf{u} \cdot \nabla)\, \mathbf{u} \right) = -\nabla p + \mu \Delta \mathbf{u} + \mathbf{f}_A + \mathbf{f}_L + \mathbf{f}_m \tag{2.87}$$

Hierbei wurde die Boussinesq-Approximation verwendet, die bei den hier vorliegenden kleinen Dichteänderungen angewandt werden kann. ρ_0 bezeichnet die Dichte des Elektrolyten im Ausgangszustand, d.h. bei räumlich homogener Konzentrationsverteilung. Als Kraftdichten, die auf das Geschwindigkeitsfeld einwirken, werden die oben eingeführten Ausdrücke für Auftriebskräfte, Lorentzkräfte und magnetische Gradientenkräfte betrachtet:

$$\mathbf{f}_A = \rho_0 \mathbf{g} \sum_i \beta_i (c_i - c_i^0), \tag{2.88}$$

$$\mathbf{f}_L = \mathbf{j} \times \mathbf{B}, \tag{2.89}$$

$$\mathbf{f}_m = \mu_0 \chi_{sol} H \nabla H, \qquad \chi_{sol} = \chi_{H_2O} + \sum_i \chi_i^{mol} c_i \tag{2.90}$$

Rand- und Anfangsbedingungen

Die Simulationen mit dem hier beschriebenen allgemeinen Modell erfolgen für transiente Elektrolyseprozesse aus dem homogenen Anfangs- und Ruhezustand der Elektrolysezelle. Als Anfangsbedingung wird daher für alle beteiligten Spezies die homogene Spezies-Konzentration angenommen.

$$c_i(t=0) = c_i^0 \tag{2.91}$$

Als Potentialverlauf zum Zeitpunkt $t=0$ wird im Zellinnern die primäre Potentialverteilung (siehe Gl. (2.25) angenommen. In den hier betrachteten rechteckigen Zellen mit gegenüber liegenden Wandelektroden erhält man so einen dem Ohmschen Gesetz entsprechenden linearen Potentialverlauf im Innern der Zelle. Dabei wurde in Zellmitte das Potential $\Phi = 0$ gewählt. Weiterhin befindet sich der Elektrolyt anfänglich in Ruhe, also

$$\mathbf{u}(t=0) = 0\,. \tag{2.92}$$

Als Randbedingung für die Geschwindigkeit während des Elektrolysevorganges gilt die Haftbedingung an allen Wänden:

$$\mathbf{u} = 0\,. \tag{2.93}$$

An ebenfalls betrachteten freien Oberflächen vorgegebener ebener Gestalt gilt die „free slip“-Bedingung:

$$\mathbf{u} \cdot \mathbf{e}_n = 0, \qquad \mathbf{e}_t[-p\hat{I} + \mu(\nabla \mathbf{u} + (\nabla \mathbf{u})^T)] \cdot \mathbf{e}_n = 0 \tag{2.94}$$

Hier bezeichnen $\mathbf{e}_n, \mathbf{e}_t$ und $\hat{I}$ die Einheitsvektoren in normaler und tangentialer Richtung sowie den Einheitstensor.
Als Randbedingung an passiven Wänden oder auch an einer freien Oberfläche gilt für alle beteiligten Spezies $i = 1, .., N$, dass die oberflächennormale Komponente der Flussdichte der Spezies keinen Beitrag liefern darf. Aus Gleichung (2.14) folgt die Bedingung

$$(N_i)_n = -D_i \partial_n c_i - \frac{z_i F D_i}{RT} c_i \partial_n \Phi = 0 \,. \tag{2.95}$$

Die Spezies der elektrisch aktiven Metallionen erhält den Index 1, ihre Randbedingung wird im folgenden Abschnitt erläutert. Da alle anderen Spezies $i = 2, .., N$ nicht an der Elektrodenreaktion teilnehmen, gilt für diese an den Elektroden ebenfalls Gleichung (2.95).
Bei potentiostatischer Abscheidung wird als Randbedingung das Potential an den Elektroden vorgegeben, also Φ_A und Φ_C. Wegen der antisymmetrischen Anfangsverteilung des Potentials wird $\Phi_A = -\Phi_C$ gewählt. Die angelegte Zellspannung ergibt sich als Differenz der Elektrodenpotentiale:

$$U_{Zelle} = \Phi_A - \Phi_C. \tag{2.96}$$

Kinetische Randbedingungen der Kupferreaktion

Nach Newman und Thomas-Alyea (2004) findet die Kupferreaktion an den Elektroden in zwei Teilschritten statt.

$$\mathrm{Cu} \rightleftharpoons \mathrm{Cu}^+ + \mathrm{e}^- \tag{2.97}$$
$$\mathrm{Cu}^+ \rightleftharpoons \mathrm{Cu}^{2+} + \mathrm{e}^- \tag{2.98}$$

Währen die erste Teilreaktion schnell erfolgt, geht die zweite Teilreaktion langsamer vonstatten (Mattson und Bockris 1959). Prinzipiell kann man für jede dieser Teilreaktionen eine Butler-Volmer Relation mit entsprechenden Werten für die Durchtrittsfaktoren und die Austauschstromdichte formulieren. Wie in Newman und Thomas-Alyea (2004) detailliert beschrieben und begründet ist, können die beiden Elementarschritte dieser Gesamtreaktion

$$\mathrm{Cu} \rightleftharpoons \mathrm{Cu}^{2+} + 2\,\mathrm{e}^- \tag{2.99}$$

in einer Butler-Volmer Relation mit entsprechend modifizierten Parametern, insbesondere den Durchtrittsfaktoren, zusammengefasst werden. Diese lautet an Anode und Kathode

$$j_A = j_0 \left(e^{\alpha_A \frac{F}{RT} \eta_A} - e^{-\alpha_C \frac{F}{RT} \eta_A} \right) \tag{2.100}$$
$$j_C = j_0 \left(e^{\alpha_A \frac{F}{RT} \eta_C} - e^{-\alpha_C \frac{F}{RT} \eta_C} \right) \tag{2.101}$$

Hierbei ist die Austauschstromdichte konzentrationsabhängig und lautet

$$j_0 = j_{00} \left(\frac{c_1}{c_1^0} \right)^{\gamma} \tag{2.102}$$

Die Stromdichte j_{00} ist darüber hinaus eine Funktion der Elektrolytzusammensetzung, wobei neben dem dissoziierten Kupfersalz gegebenenfalls weitere Abhängigkeiten beispielsweise durch Leitsalze zu berücksichtigen sind (Koschichow 2010; Newman und Thomas-Alyea 2004). Als Parameter für die Durchtrittsfaktoren der anodischen und der kathodischen Teilreaktion sowie für den Exponenten der Austauschstromdichte ergeben sich in den hier betrachteten $CuSO_4$-Elektrolyten (Newman und Thomas-Alyea 2004)

$$\alpha_A = 1.5, \qquad \alpha_A = 0.5, \qquad \gamma = 0.42 \tag{2.103}$$

Diese Parameter sind experimentell gut abgesichert; für ausführliche Literaturstudien zu den im Folgenden zur Anwendung kommenden verschiedenen Kupfer-Elektrolyten sei ebenfalls auf Koschichow (2010) verwiesen. Der jeweils in den Simulationen verwendete Wert der Stromdichte j_{00} ist an entsprechender Stelle angegeben.
Die Butler-Volmer Gleichung (2.100) kann sowohl im ladungskontrollierten als auch im diffusionskontrollierten Regime der Kupferelektrolyse angewandt werden. Die Überspannungen an Anode und Kathode lauten

$$\eta_A = \Phi_A - \Phi, \quad \eta_C = \Phi_C - \Phi \tag{2.104}$$

Hierbei wurde bei den hier betrachteten Kupferreaktionen an Kupferelektroden das Gleichgewichtspotential Φ_{eq} zu Null gesetzt.

2.3.2 Modell im Grenzstromregime bei Leitsalzüberschuss

Gleichungen und Randbedingungen

Beschränkt man sich auf das Grenzstromregime und nimmt weiterhin an, dass im Elektrolyt ein Leitsalz im Überschuss vorhanden ist, so können die oben aufgeführten Modellgleichungen stark vereinfacht werden (siehe auch Abschnitt 2.1.7). Wegen der stark erhöhten elektrischen Leitfähigkeit verringern sich Potentialgradienten im Elektrolyten, und man kann näherungsweise den Migrationsterm in den Materialbilanzgleichungen vernachlässigen. Im Folgenden beschränkt sich die Betrachtung auf die verbleibende Konvektions-Diffusions-Gleichung der elektroaktiven Spezies, d.h. der Metallionen. Bei der Stromdichte wird nur ein Migrationsanteil und der diffusive Anteil betrachtet, der durch die elektroaktiven Ionen verursacht wird.
Ein solches Modell der Metallabscheidung im Grenzstromregime wurde erstmals von Ngo-Boum und Alemany (1999) und Olivas u. a. (2004) zur numerischen Untersuchung des Einflusses von Lorentzkräften auf Konvektion und Stoffübergang in durchströmten Elektrolysezellen sowie bei der elektrochemischen Beschichtung eines angeströmten Zylinders angewandt. Trotz der Vereinfachungen sind die wesentlichen Effekte des elektrochemischen Prozesses im Modell enthalten, und es wird bezüglich der Wirkung der Lorentzkräfte von einer guten Übereinstimmung der numerischen Resultate mit experimentellen Ergebnissen bei Kupferabscheidungen berichtet (Olivas u. a. 2004).
Aus diesem Grund wurde dieses Modell im Folgenden verwandt, um die Kupferabscheidung im Grenzstromregime unter dem Einfluss magnetischer Kräfte in Elektrolysezellen mit einem Kupfersalz und einem Leitsalz im Überschuss zu simulieren. In Erweiterung der

oben genannten Modellierung müssen in den hier untersuchten Zellen zusätzlich Auftriebseffekte berücksichtigt werden, die auf die Konzentrationsveränderungen der Cu^{2+}-Ionen in Elektrodennähe auf Grund der Elektrodenreaktion zurückzuführen sind. Wie in Abschnitt 2.1.7 erwähnt, sind in dieser Modellierung die an den Elektroden ebenfalls zu erwartenden Konzentrationsänderungen der elektrisch inerten Ionen des Leitsalzes nicht enthalten. Daher können deren Beiträge zum Auftrieb nicht berücksichtigt werden. Die Anwendung des Modells sollte daher für Elektrolyte erfolgen, in denen der Beitrag der Cu^{2+}-Ionen zum Auftrieb dominant ist (z.B. H_2SO_4 oder Na_2SO_4 als Leitsalz).
Unter der Annahme isothermer Bedingungen und konstanter Materialeigenschaften lauten die Gleichungen des Modells:

$$\rho_0 \left(\frac{\partial \mathbf{u}}{\partial t} + (\mathbf{u} \cdot \nabla)\, \mathbf{u} \right) = -\nabla p + \mu \Delta \mathbf{u} + \rho_0 \beta_L (c - c_0)\, \mathbf{g} + \mathbf{j} \times \mathbf{B} \qquad (2.105)$$

$$\rho_0 \left(\frac{\partial c}{\partial t} + (\mathbf{u} \cdot \nabla)\, c \right) = \rho_0\, D\, \Delta c \qquad (2.106)$$

$$\nabla \cdot \mathbf{u} = 0 \qquad (2.107)$$

$$\nabla \cdot \mathbf{j} = 0 \qquad (2.108)$$

$$\mathbf{j} = -\sigma \nabla \Phi - zFD\, \nabla c \qquad (2.109)$$

Hierbei wurde wie im vorigen Abschnitt in der Navier-Stokes Gleichung die Boussinesq-Näherung verwendet, und als magnetische Kraft ist hier zunächst nur die Lorentzkraft angegeben. Der Ausdehnungskoeffizient β_L bezeichnet den Wert des Kupfersalzes. Neben der bereits erwähnten vereinfachten Speziesgleichung der Cu^{2+}-Ionen gilt wegen der Inkompressibilität des Elektrolyten und der Erhaltung der elektrischen Ladung die Divergenzfreiheit von Geschwindigkeit $\mathbf{u}$ und Stromdichte $\mathbf{j}$. Im Rahmen des Modells resultieren elektrische Ströme aus Potential- und Konzentrationsunterschieden im Elektrolyten. Hierbei bezeichnet σ die konstante elektrische Leitfähigkeit. Inspiriert durch das Ohmsche Gesetz wird ein verallgemeinertes Potential f wie folgt eingeführt:

$$f = \Phi + \frac{zFD}{\sigma} c, \qquad \mathbf{j} = -\sigma \nabla f\,, \qquad (2.110)$$

Wegen der Erhaltung der elektrischen Ladung folgt damit entweder eine Laplace-Gleichung für f oder eine Poisson-Gleichung für Φ:

$$\Delta f = 0, \qquad i.e. \qquad \Delta \Phi = -\frac{zFD}{\sigma} \Delta c \qquad (2.111)$$

Die Randbedingungen für die Geschwindigkeit $\mathbf{u}$ entsprechen denen des im vorangegangen Abschnitt beschriebenen allgemeinen Modells. An elektrisch isolierenden Wänden müssen die Normalableitungen des verallgemeinerten Potentials f und der Konzentration c verschwinden, d.h.

$$\frac{\partial c}{\partial n} = \frac{\partial f}{\partial n} = 0. \qquad (2.112)$$

An den Elektroden gilt für das verallgemeinerte Potential f

$$\frac{\partial f}{\partial n} = \frac{z\,F\,D}{\sigma} \frac{\partial c}{\partial n}. \qquad (2.113)$$

Diese Bedingung kann aus der Definition (2.110) abgeleitet werden. Hierbei wird wegen des vorhandenen Leitsalzüberschusses der Anteil des Potentialgradienten an der Elektrode im hier betrachteten Grenzstromregime vernachlässigt. Für die Konzentration an der Kathode gilt im Grenzstrombereich

$$c = 0. \tag{2.114}$$

Weiter wird vereinfachend angenommen, dass an der Anode ein gewisser konstanter Überschuss an Metallionen existiert:

$$c = F_A\, c_0. \tag{2.115}$$

In symmetrischen Zellgeometrien kann die Konstante zu $F_A = 2$ gesetzt werden. Im allgemeinen Fall ist jedoch für die Konvektions-Diffusionsgleichung (2.106) in Kombination mit den beiden Dirichlet-Randbedingungen die Erhaltung der Gesamtmenge der Kupferionen in der Elektrolysezelle nicht gewährleistet. Daher muss im Zeitverlauf die Konstante F_A jeweils entsprechend angepasst werden. Hierzu wird in Erweiterung des ursprünglichen Modells von NgoBoum und Alemany (1999); Olivas u. a. (2004) die zusätzliche Gleichung

$$\frac{1}{V}\int_V c\, dV = c_0 \tag{2.116}$$

als implizite Bedingung für F_A gelöst. Durch die Anpassung des Cu^{2+}-Überschusses an der Anode kann so im Zeitverlauf die Erhaltung der Spezies gewährleistet werden.
Eine Eigenheit des hier betrachteten Modells ist, dass wegen der Randbedingung 2.113 für das verallgemeinerte elektrische Potential an den Elektroden der Stromdichtevektor nicht notwendigerweise normal zur Oberfläche orientiert ist. Abweichungen können durch Variationen in der Dicke der Konzentrationsgrenzschicht entstehen, wie sie insbesondere an den im Folgenden betrachteten vertikalen Elektroden charakteristisch sind. Daher sind die nachfolgend aus der Normalableitung des verallgemeinerten elektrischen Potentials abgeleiteten Stromdichten modellbedingt mit gewissen Unsicherheiten versehen.

2.3.3 Entdimensionalisierung und Skalen-Analyse

In diesem Abschnitt wird das eben eingeführte vereinfachte Modell für das Grenzstromregime in dimensionslose Form überführt, um dimensionslose Parameter abzuleiten. Die typische Konzentrationsänderung im Grenzstromregime beträgt c_0. Eine für Naturkonvektion an vertikalen Wänden charakteristische Geschwindigkeit kann zunächst aus

$$U = \sqrt{\beta_L\, g\, L\, c_0}, \tag{2.117}$$

gebildet werden, wobei L die Elektrodenhöhe bezeichnet (Bejan 2004). Mit Hilfe weiterer geeigneter Referenzgrößen werden die dimensionslosen Größen $u^* = \frac{u}{U}$, $x^* = \frac{x}{L}$, $t^* = \frac{U}{L}t$, $p^* = \frac{1}{\rho U^2}p$, $c^* = \frac{c}{c_0}$, $B^* = \frac{B}{B_0}$, $j^* = \frac{L}{zFDc_0}j$, $f^* = \frac{\sigma}{zFDc_0}f$, eingeführt, wodurch sich die oben dargestellten Modellgleichungen (2.105) in folgende Form überführen lassen:

$$\frac{\partial \mathbf{u}}{\partial t} + (\mathbf{u}\cdot\nabla)\,\mathbf{u} = -\nabla p + \sqrt{\frac{Sc}{Ra}}\,\Delta\mathbf{u} - (c-1)\,\mathbf{e_z} + R_{MHD}\,\mathbf{j}\times\mathbf{B} \tag{2.118}$$

$$\nabla\cdot\mathbf{u} = 0 \tag{2.119}$$

$$\begin{aligned}\frac{\partial c}{\partial t} + (\mathbf{u} \cdot \nabla)\, c &= \frac{1}{\sqrt{Ra \cdot Sc}} \Delta c && (2.120)\\ \Delta f &= 0 && (2.121)\\ \mathbf{j} &= -\nabla f && (2.122)\end{aligned}$$

Hierbei wurde der Index "*" der nun verwendeten dimensionslosen Größen weggelassen. Es ergeben sich drei charakteristische Parameter:

$$\begin{aligned}Ra &= \frac{\beta_L\, g\, c_0\, L^3}{D\, \nu}, && (2.123)\\ Sc &= \frac{\nu}{D}, && (2.124)\\ R_{MHD} &= \frac{zFDB_0}{\rho\, \beta_L\, g\, L}. && (2.125)\end{aligned}$$

Hierbei beschreibt R_{MHD} das Verhältnis von Lorentz- zu Auftriebskraft und wird nach Fahidy als MHD-Parameter bezeichnet (Kim und Fahidy 1995). Interessanterweise ist dieses im hier betrachteten Grenzstromregime unabhängig von der Cu^{2+}-Konzentration des homogenen Elektrolyten c_0. Die Schmidtzahl charakterisiert das Verhältnis von diffusivem Impulstransport zu diffusivem Stofftransport. Sie ist das Analogon der im Wärmetransport verwendeten Prandtl-Zahl. Charakteristisch für die hier vorliegenden elektrochemischen Probleme sind Schmidtzahlen in der Größenordnung von $\sim 10^3$ (Öle haben vergleichsweise große Prandtl-Zahlen). Bei diesen hohen Werten dominiert der Impulstransport deutlich gegenüber dem Stofftransport. Die Rayleigh-Zahl charakterisiert die relative Stärke der Naturkonvektion im Hinblick auf den Charakter des Stoffübergangs im Elektrolyten. Die hier vorliegenden großen Rayleigh-Zahlen deuten daher auf die Dominanz des konvektiven Transportes im Vergleich zum diffusiven Transport hin.
Alternativ seien ebenfalls die Reynolds-Zahl Re, die Grashoff-Zahl Gr und die Peclet-Zahl Pe erwähnt, welche sich wie folgt darstellen lassen:

$$Re = \frac{UL}{\nu} = \sqrt{\frac{Ra}{Sc}}, \qquad Gr = Re^2, \qquad Pe = \frac{UL}{D} = \sqrt{Ra \cdot Sc}. \tag{2.126}$$

Skalen-Analyse

Die Dicke der Diffusionsgrenzschicht kann in Analogie zum Fall thermischer Naturkonvektion an senkrechten Wänden abgeschätzt werden. Die Ableitung erfolgt in Anlehnung an Bejan (2004). Typische Skalen der Konzentrationsgrenzschicht sind ihre horizontale Dicke $x \sim \delta_c$ mit Konzentrationsänderungen c_0 (Grenzstromregime) sowie ihre vertikale Ausdehnung $y \sim H$, die durch die Höhe H bestimmt ist. Der stationäre Teil der Diffusionsgleichung (2.106) drückt die Balance zwischen Konvektion (linke Seite) und Diffusion (rechte Seite) aus,

$$u\,\frac{c_0}{\delta_c}, \quad v\,\frac{c_0}{H} \quad \sim \quad D\,\frac{c_0}{\delta_c^2}. \tag{2.127}$$

Aus der Massenerhaltung (2.107) folgt

$$\frac{u}{\delta_c} \sim \frac{v}{H} \tag{2.128}$$

Somit sind die beiden Konvektionsterme in (2.127) von der Größenordnung $v\, c_0\, / H$, woraus sich

$$v \quad \sim \quad D \frac{H}{\delta_c^2} \tag{2.129}$$

ergibt. Aus der vertikalen Komponente (y-Richtung) des stationären Teils der Navier-Stokes Gleichung (2.105) ohne Lorentzkraft folgt die Bilanz von Inertialtermen (links), Reibungsterm (Mitte) und Auftriebskraft (rechts):

$$u \frac{v}{\delta_c} \quad + \quad v \frac{v}{H} \quad \sim \quad \nu \frac{v}{\delta_c^2} \quad + \quad g\, \beta_L\, c_0 \tag{2.130}$$

Wegen der Massenerhaltung (2.128) sind die beiden inertialen Terme von der Größenordnung v^2/H. Die Division der Impulsbilanz (2.130) durch die Größenordnung der Auftriebskraft $g\beta_L c_0$ liefert unter Verwendung von (2.129)

$$\left(\frac{H}{\delta_c}\right)^4 Ra_H^{-1} Sc^{-1} \quad \sim \quad \left(\frac{H}{\delta_c}\right)^4 Ra_H^{-1} \quad + \quad 1 \tag{2.131}$$

Hierbei bezeichnet Ra_H die mit der jeweiligen Höhe H gebildete Rayleighzahl. Im Fall großer Schmidtzahlen können in der Bilanz die inertialen Kräfte vernachlässigt werden, und aus der Balance von Reibungs- und Auftriebskräften ergibt sich für die Dicke der Diffusionsgrenzschicht

$$\delta_c \sim H \cdot Ra_H^{-1/4} \tag{2.132}$$

Somit folgt nach (2.129) als charakteristische Vertikalgeschwindigkeit

$$v \sim \frac{D}{H} Ra_H^{1/2} = \sqrt{g\, \beta_L\, c_0\, H}\; Sc^{-1/2} = U\; Sc^{-1/2} \tag{2.133}$$

Diese ist in den hier betrachteten Fällen mit $Sc \gg 1$ kleiner als die zur Entdimensionalisierung im vorigen Abschnitt verwandte charakteristische Geschwindigkeit U.
Der Auftrieb führt zu einer charakteristischen Geschwindigkeitsgrenzschicht δ, welche weiter in das Innere der Zelle reichen kann (diffusive Effekte). Dort gibt es keinen Auftrieb mehr, und aus der Impulsbilanz (2.130) folgt die Balance von Inertia und Reibung

$$v \frac{v}{H} \sim \nu \frac{v}{\delta^2} \tag{2.134}$$

Das Eliminieren der Vertikalgeschwindigkeit v nach (2.133) liefert unter Verwendung von (2.132)

$$\delta \sim \delta_c \cdot Sc^{1/2} \tag{2.135}$$

Somit sind für $Sc > 1$ die Konzentrationsgrenzschichten dünner als die Geschwindigkeitsgrenzschichten.

2.3.4 Charakteristische Parameter

Tabelle 2.2 fasst die Materialparameter eines typischerweise bei der Kupferelektrolyse verwendeten Elektrolyten zusammen. Der hier betrachtete Elektrolyt bestand aus 10 mM

Dichte	$\rho = 1.01 \cdot 10^3 \frac{\mathrm{kg}}{\mathrm{m}^3}$
Viskosität	$\mu = 1.04 \cdot 10^{-3} \frac{\mathrm{kg}}{\mathrm{m \cdot s}}$
Auftriebskoeffizient	$\beta_L = 0.1386 \frac{\mathrm{dm}^3}{\mathrm{mol}}$
Diffusionskoeffizient (Cu^{2+})	$D = 0.714 \cdot 10^{-9} \frac{\mathrm{m}^2}{\mathrm{s}}$
elektrische Leitfähigkeit	$\sigma = 1.5\,\mathrm{S/m}$
Ladungszahl Cu^{2+}	$z = 2$
Kupferionenkonzentration	$c_0 = 0.01 \frac{\mathrm{mol}}{\mathrm{l}}$

Tabelle 2.2: Materialparameter für einen Elektrolyt aus 10 mM $CuSO_4$ und 0.1 M Na_2SO_4 bei 25 °C (Bund 2006; Bund u. a. 2003).

$CuSO_4$ und 0.1 M Na_2SO_4 und kam in den Experimenten von Bund u. a. (2003) zur Verwendung. Alle Daten in Tabelle 2.2 beziehen sich auf eine Referenztemperatur von 25 °C.

Unter der Annahme einer Zellhöhe von $L = 1\,\mathrm{cm}$ ergibt sich mit diesen Daten die zur Entdimensionalisierung verwendete Referenzgeschwindigkeit zu

$$U = \sqrt{\beta_L g c_0 L} \sim 1\,\frac{\mathrm{cm}}{\mathrm{s}} \tag{2.136}$$

Für die Schmidtzahl und die Rayleighzahl erhält man

$$Sc = \frac{\nu}{D} \sim 1450, \qquad Ra = \frac{U^2 L^2}{D\nu} \sim 1.586 \cdot 10^7 \tag{2.137}$$

Im Fall höherer Zellen können wegen $Ra \sim L^3$ erheblich größere Rayleighzahlen auftreten. Die in (2.133) abgeleitete charakteristische Vertikalgeschwindigkeit ergibt sich zu

$$v = U Sc^{-1/2} \sim 0.3\,\frac{\mathrm{mm}}{\mathrm{s}} \tag{2.138}$$

Für die Dicke der Konzentrationsgrenzschicht gilt

$$\delta_c = L \cdot Ra^{-1/4} \sim 0.158\,\mathrm{mm} \tag{2.139}$$

Mit der Faradaykonstante $F = 96485,3383\,\mathrm{C/mol}$ gilt für die Grenzstromdichte

$$j_L \sim \frac{D}{\delta_c} c_0 z F \sim 8.7\,\frac{\mathrm{A}}{\mathrm{m}^2} \tag{2.140}$$

Für ein äußeres Magnetfeld von $B_0 = 1\,\mathrm{T}$ erhält man einen MHD-Parameter von

$$R_{MHD} = \frac{zFDB_0}{\rho \beta_L g L} \sim 1 \cdot 10^{-2} \tag{2.141}$$

2.3.5 Magnetfeldberechnungen

In diesem Abschnitt wird die Berechnung der Magnetfelder von NdFeB-Permanentmagneten erläutert (siehe z.B. Jackson (2001)). In magnetisierbaren Medien setzt sich die magnetische Induktion $\mathbf{B}$ aus der magnetischen Feldstärke $\mathbf{H}$ und der Magnetisierung $\mathbf{M}$ zusammen (siehe Gl. (2.75)):

$$\mathbf{B} = \mu_0(\mathbf{H} + \mathbf{M}) \tag{2.142}$$

Permanentmagneten besitzen eine eingeprägte Magnetisierung $\mathbf{M}_{rem}$, welche nach dem Ausschalten des magnetisierenden Feldes verbleibt. Die remanente magnetische Induktion wird mit $\mathbf{B}_{rem}$ bezeichnet und beträgt bei einer Temperatur von 20 °C für die hier untersuchten zylindrischen NdFeB-Magneten (Durchmesser : Länge 1:3) betragsmäßig etwa 1.2 T (Fa. IBS Magnet 2012). Erwähnt sei die Koerzitivkraft H_C^B als diejenige Feldstärke, welche notwendig ist, um den Magneten wieder zu demagnetisieren. Diese ist sehr groß und beträgt hier etwa 800 kA/m.
Die Maxwell-Gleichungen der Magnetostatik (siehe Gleichungen (1.2) und (1.6)) bei Abwesenheit externer Ströme und unter Vernachlässigung der Verschiebungsströme lauten

$$\nabla \cdot \mathbf{B} = 0, \qquad \nabla \times \mathbf{H} = 0 \tag{2.143}$$

Mit (2.142) folgt

$$\nabla \cdot \mathbf{H} = -\nabla \cdot \mathbf{M}\,. \tag{2.144}$$

Da die Rotation von $\mathbf{H}$ verschwindet, kann ein skalares magnetisches Potential eingeführt werden

$$\mathbf{H} = -\nabla\Psi, \tag{2.145}$$

welches die Poisson-Gleichung

$$\Delta\Psi = \nabla \cdot \mathbf{M} \tag{2.146}$$

erfüllen muss. In Analogie zur Elektrostatik kann die Divergenz der Magnetisierung als magnetische Ladungsdichte aufgefasst werden. Die allgemeine Lösung der Gleichung (2.146) lautet (Jackson 2001)

$$\Psi = -\frac{1}{4\pi}\int d^3r' \frac{\nabla' \cdot \mathbf{M}(\mathbf{r}')}{|\mathbf{r} - \mathbf{r}'|} + \frac{1}{4\pi}\oint_S \frac{\mathbf{M}(\mathbf{r}') \cdot \mathbf{dA}'}{|\mathbf{r} - \mathbf{r}'|} \tag{2.147}$$

Hierbei resultiert der zweite Term aus möglichen Unstetigkeiten der Magnetisierung an Grenzflächen. Im Fall eines harten Permanentmagneten wie NdFeB kann man annehmen, dass die Magnetisierung an der Oberfläche des Magneten plötzlich auf Null abfällt, während im Innern des Magneten eine konstante Magnetisierung vorherrscht. In diesem Fall entfällt der erste Term, und für das magnetische Potential folgt

$$\Psi = \frac{1}{4\pi}\oint \frac{\mathbf{M} \cdot \mathbf{dA}'}{|\mathbf{r} - \mathbf{r}'|} \tag{2.148}$$

Somit ergibt sich das magnetische Feld zu

$$\mathbf{B} = -\nabla\left[\frac{\mu_0}{4\pi}\oint \frac{\mathbf{M} \cdot \mathbf{dA}'}{|\mathbf{r} - \mathbf{r}'|}\right] + \mu_0\,\mathbf{M} \tag{2.149}$$

Hierbei kann die oberflächennormale Komponente der Magnetisierung als eine effektive magnetische Flächenladungsdichte verstanden werden (Jackson 2001).
In einigen einfachen Fällen kann die Lösung des Integrals (2.148) direkt angegeben werden. Beispiele hierfür sind kugelförmige oder quaderförmige harte Permanentmagneten (Akoun

und Yonnet 1984; Jackson 2001). Für im Folgenden untersuchte zylindrische Permanentmagneten wurde die Magnetfeldverteilung numerisch mit der Finite-Elemente Software COMSOL (COMSOL Inc. 2012) bestimmt. Die dort realisierte Implementierung löst die Poisson-Gleichung (2.146) für das magnetische Potential und fordert am Außenrand des betrachteten Gebietes das Verschwinden der Normalableitung des Magnetfeldes. Deshalb muss das Rechengebiet ausreichend groß gewählt werden. Die so erhaltenen Magnetfeldverteilungen werden im Kapitel 4 diskutiert.

3 Kupfer-Elektrolyse unter dem Einfluss von Lorentzkräften

3.1 Homogene Magnetfelder und vertikale Elektroden

3.1.1 Aufbau der Elektrolysezelle

Die folgenden dreidimensionalen Simulationen untersuchen den Stofftransport sowie die Strömungs- und Konzentrationsverhältnisse in einer würfelförmigen Zelle mit vertikalen Wandelektroden (siehe Abb. 3.1). Betrachtet wird die potentiostatische Elektrolyse eines wässrigen Elektrolyten aus Kupfersulfat mit einem Leitsalz im Grenzstromregime. Die di-

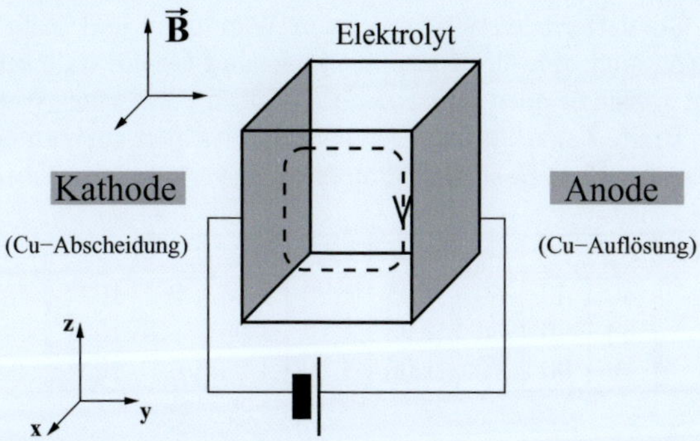

Abbildung 3.1: Kubische Zelle mit vertikalen Kupfer-Elektroden an gegenüberliegenden Wänden (grau). Die Richtung der Naturkonvektion ist durch die gestrichelte Linie angedeutet. Drei mögliche Magnetfeldrichtungen der Magnetoelektrolyse sind angegeben.

mensionslosen Kennzahlen des reinen Stofftransportproblems (ohne Magnetfeld) betragen in den Simulationen $Ra = 16^6$ und $Sc = 2000$. Diese Wahl der Parameter, insbesondere der Rayleighzahl, entspricht Abscheidevorgängen in kleinen Elektrolysezellen mit Elektrodenhöhen $L < 1\,\text{cm}$ und bietet den Vorteil, transiente Phänomene vorerst auszuschließen. Die charakteristische Reynoldszahl der hydrodynamischen Strömung (ohne Magnetfeld) beträgt lediglich $Re = \sqrt{Ra/Sc} \sim 22$. [1]. Bei den unten dargestellten Ergebnissen handelt es sich um stationäre Lösungen, die sich nach einer gewissen Anlaufzeit in der Zelle einstellen. Eine sich ggf. im Verlauf der Elektrolyse entwickelnde vertikale Dichteschichtung des Elektrolyten ist in diesen Lösungen bereits voll ausgebildet (siehe z.B. Abb. 3.5 rechts).

3.1.2 Numerische Methode und Validierung

Die Simulationen erfolgten mit dem kommerziellen Finite-Elemente-Code FIDAP V.8.7.4 (Fluent Inc. 2002). Hierzu wurden die Modellgleichungen aus Abschnitt 2.3.2 in ihrer dimensionslosen Form (Gleichung (2.118) und folgende) implementiert. Die Laplace-Gleichung für das elektrische Potential wurde als entsprechend vereinfachte Konvektions-Diffusionsgleichung realisiert. Die in den Randbedingungen für das verallgemeinerte Potenial vorhandene Kopplung von Konzentrations- und Potentialgradient an den Elektroden erforderte die Erstellung von separaten Unterprogrammen in Fortran, welche nach ihrer Übersetzung mit dem Standard-Löser verlinkt wurden. Die Lösung des Gleichungssystems erfolgte mit einem in FIDAP vorhandenen „segregated solver“ mit separat anpassbarer Unterrelaxation für die iterative Lösung der jeweiligen Gleichung durch ein konjugiertes Gradientenverfahren. Der Druckterm der Navier-Stokes-Gleichung wurde diskontinuierlich behandelt.
Mit dem Präprozessor von FIDAP wurden verschiedene strukturierte Gitter aus linearen Elementen in Quaderform erstellt, welche in Wandnähe und insbesondere in Elektrodennähe verfeinert sind, um die Konzentrations- und Geschwindigkeitsgrenzschichten aufzulösen. Hierbei wurde in allen drei Raumrichtungen i zwischen Wand und Zellmitte das Verhältnis der Breite benachbarter Elemente durch einen konstanten Streckungsfaktor k_i festgelegt. Tabelle (3.1) fasst die Parameter der verwendeten Gitter zusammen.

Gitter	N_x	N_y	N_z	k_x	k_y	k_z	δ_1/L	I_L
G1	40	40	50	1.05	1.20	1.05	$2.7 \cdot 10^{-3}$	489.6
G2	60	80	60	1.05	1.10	1.05	$1.1 \cdot 10^{-3}$	492.5
G3	70	90	70	1.05	1.10	1.05	$0.7 \cdot 10^{-3}$	492.7

Tabelle 3.1: Übersicht der verwendeten Gitter (siehe Text), Auflösung an der Elektrode δ_1/L sowie dimensionsloser Wert des Grenzstroms I_L (in $L/(zFDc_0)$) im Fall ohne Magnetfeld.

Um die Konzentrationsgrenzschichten aufzulösen, ist hierbei die Auflösung in y-Richtung bzw. der Faktor k_y im Vergleich zu den anderen Raumrichtungen am größten. Beim Gitter G3 befinden sich beispielsweise 90 Elemente zwischen den Elektroden. Mit $k_y = 1.1$ ergibt sich die Breite des ersten Elementes an der Elektrode zu $\delta_1/H = 0.7 \cdot 10^{-3}$. Wie aus Tabelle

[1] Für Strömungen mit sehr großen Schmidt- oder Prandtl-Zahlen findet man in der Literatur nur wenig Informationen über das Einsetzen von Instabilitäten und den Übergang zur Turbulenz. Aus einer Übersichtstabelle bei Bejan (2004) für vertikale beheizte Wände lassen sich bei $Sc \sim 1000$ kritische Grashoffzahlen von etwa 10^8 abschätzen, was kritischen Reynoldszahlen von etwa 10^4 entspricht.

3.1 ersichtlich wird, ist bei allen verwendeten Gittern die Auflösung der Konzentrationsgrenzschicht garantiert, welche sich bei der in den Simulationen gewählten Rayleighzahl von $Ra = 10^6$ zu $\delta_c/H = Ra^{-1/4} \approx 3.1 \cdot 10^{-2}$ ergibt. Abbildung (3.2) zeigt für die Gitter

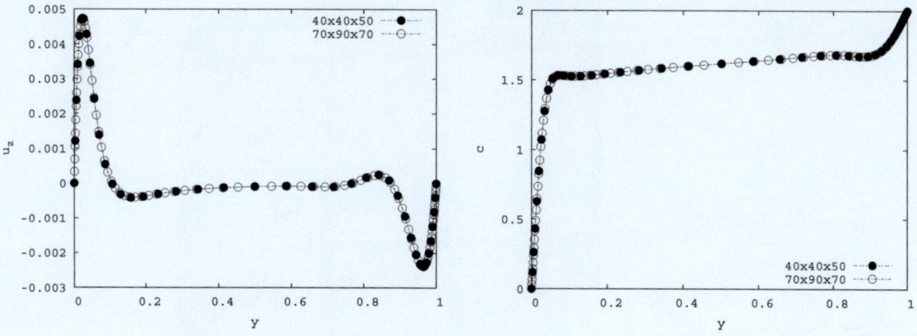

Abbildung 3.2: Vertikale Geschwindigkeit u_z (links) und Kupferionenkonzentration c (rechts) zwischen den Elektroden in Bodennähe ($z = 0.1$) in der Zellmitte ($x = 0.5$) für zwei verschiedene Gitter. $Ra = 16^6$, $Sc = 2000$, kein Magnetfeld, alle Größen dimensionslos.

G1 und G3 im Fall ohne Magnetfeld den Verlauf der vertikalen Geschwindigkeitskomponente u_z sowie der Kupferionenkonzentration c zwischen den Elektroden. Hierbei wurde in Zellmitte $x = 0.5$ ein Höhenwert von $z = 0.1$ in Bodennähe gewählt. Die in Kathodennähe ($y = 0$) dünne Grenzschicht von Konzentration und Geschwindigkeit stimmt in beiden Fällen überein, zwischen den Ergebnissen auf den beiden Gittern ist kein Unterschied erkennbar. Tabelle 3.1 zeigt als Vergleich einer integralen Simulationsgröße den ermittelten Grenzstrom I_L der Zelle in der rechten Spalte. Hier ergeben sich leicht unterschiedliche Ergebnisse für die verschiedenen Gitter, die wahrscheinlich lediglich auf Ungenauigkeiten des Postprozessors bei der Flussberechnung zurückzuführen sind. Um auch diese weitestgehend auszuschließen, wurde in den folgenden Simulationen das höchstauflösende Gitter G3 aus 70 x 90 x 70 Elementen verwendet (siehe Abbildung 3.3). Insgesamt sind die Auflösungsanforderungen für die hier ausgeführten stationären Simulationen wesentlich moderater als für die im folgenden Abschnitt 3.2 ausgeführten transienten Simulationen des Anlaufverhaltens der Elektrolyse, da die Konzentrationsgrenzschicht bereits voll ausgebildet ist.

3.1.3 Stoffübergang und Naturkonvektion

Hier wird zunächst der Fall ohne Magnetfeld betrachtet. Aus der Literatur ist bekannt, dass der Stoffübergang an den Elektroden Dichteunterschiede im Elektrolyten hervorruft und damit eine natürliche Konvektion erzeugt wird (siehe z.B. Bark und Alavyoon (1995); Bark (1990)). Die Kupferabscheidung an der Kathode verursacht das Aufsteigen des leichter gewordenen Elektrolyten, während an der Anode die Auflösung von Kupfer zum Absinken des schwerer gewordenen Elektrolyten führt. Die Situation ist analog zur

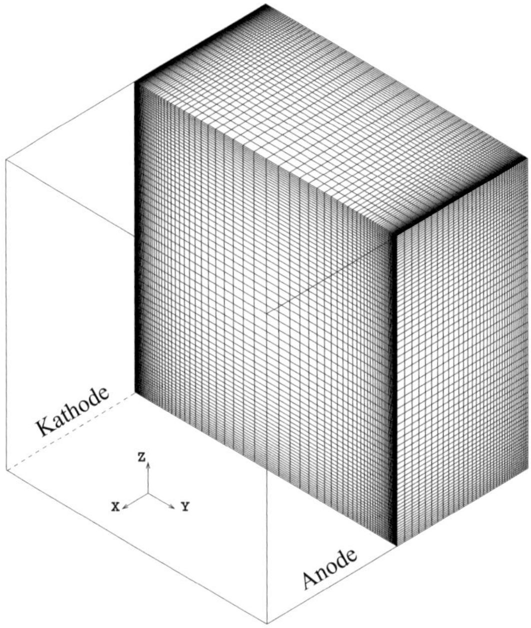

Abbildung 3.3: In den stationären Simulationen verwendetes Gitter G3 (Details siehe Tabelle 3.1) aus 70 x 90 x 70 Elementen.

thermischen Konvektion bei hohen Prandtl-Zahlen und großen Rayleigh-Zahlen. Bejan (2004) bezeichnet dieses Regime als Grenzschichtregime.

Abbildung 3.4 zeigt auf der linken Seite die Geschwindigkeitsvektoren in der horizontalen Mittelebene der Zelle. Die Auftriebskonvektion führt wie erwartet zu einer vertikalen Zirkulationsrolle des Elektrolyten. Das Strömungsregime ist stationär. An den elektrochemisch inaktiven Seitenwänden wird die Naturkonvektion durch die Haftbedingung abgebremst. Im mittleren Teil der Abbildung ist die Vertikalgeschwindigkeit u_z über dem Kathodenabstand y in verschiedenen Höhen z in der Zellmitte dargestellt. Da die Kupferabscheidung über die gesamte Kathode erfolgt, was jeweils eine vertikale Beschleunigung des Elektrolyten zur Folge hat, wächst die Vertikalgeschwindigkeit zunächst mit der Höhe. In Deckelnähe wird die Strömung jedoch horizontal umgelenkt und durch die Wandreibung am Deckel gebremst, wodurch sich insgesamt eine vertikale Maximalgeschwindigkeit unterhalb des Deckels einstellt. An der Anode führt der Eintrag von Kupferionen in den Elektrolyten zu einer Dichtezunahme und damit zu einer entsprechenden Absinkbewegung. Wegen der verwendeten Dirichlet-Randbedingungen der Konzentration an den Elektroden ist der Verlauf der Vertikalkonvektion zwischen den Elektroden antisymmetrisch, und es genügt, die Hälfte der Geschwindigkeitsprofile zu zeigen. Die Dicke der vertikalen Geschwindigkeitsjets beträgt etwa 0.04 in dimensionslosen Einheiten und nimmt wegen der Reibung entlang der Elektroden zu. Im rechten Bild ist exemplarisch die Vertikalkonvektion in der Nähe der Kathode bei verschiedenen Abständen von der Seitenwand

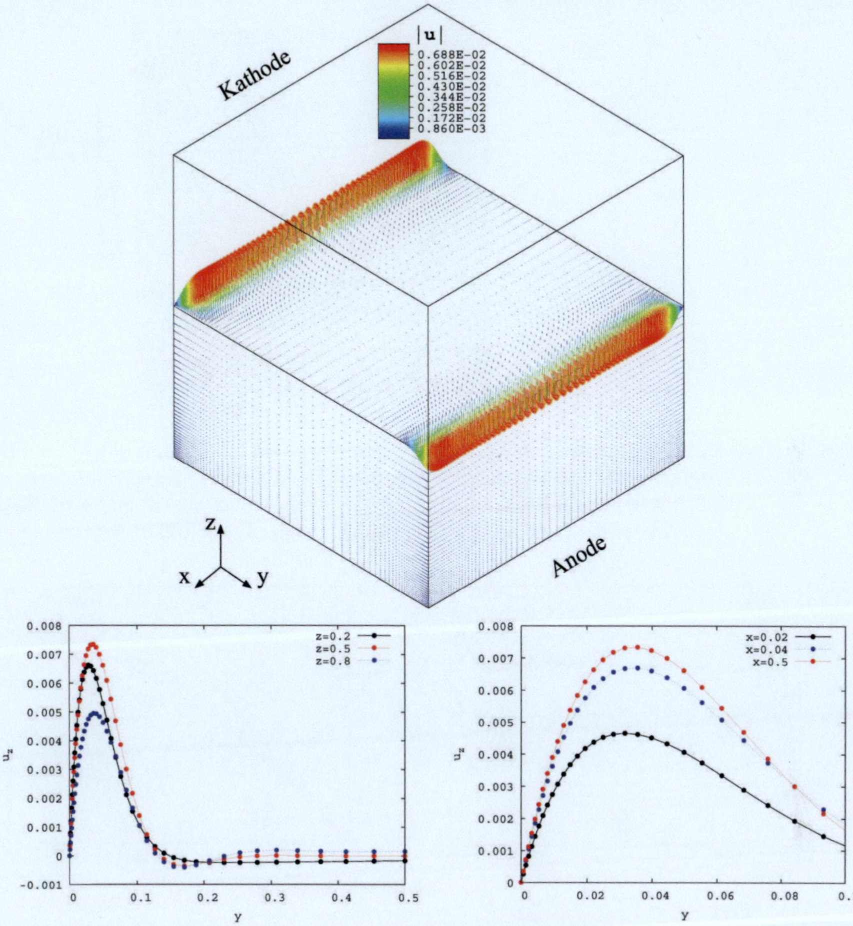

Abbildung 3.4: Oben: Vektoren der Geschwindigkeit in der horizontalen Mittelebene der Zelle. Unten: Vertikale Geschwindigkeitskomponente u_z in der Zellmitte ($x = 0.5$) in verschiedenen Höhen z (links) und an verschiedenen Positionen x nahe der Kathode in konstanter Höhe $z = 0.5$ (rechts). Alle Größen dimensionslos.

in der Höhe $z = 0.5$ dargestellt.

Abb. 3.5 zeigt auf der linken Seite die Kupferkonzentration c in der horizontalen Mittelebene der kubischen Zelle sowie an der unteren Hälfte der vorderen Seitenwand. Auf der rechten Seite ist die Kupferkonzentration in der vertikalen Mittelebene der Zelle bei $x = 0.5$ dargestellt. In horizontalen Ebenen ist die Konzentration in großen Teilen des Zellinnern etwa konstant. An Anode (rechts) und Kathode (links) bilden sich jedoch dünne Konzentrationsgrenzschichten aus, deren Dicke wegen der Naturkonvektion in Uhrzeigerrichtung jeweils zunimmt. Die typische Dicke der Konzentrationsgrenzschicht entspricht

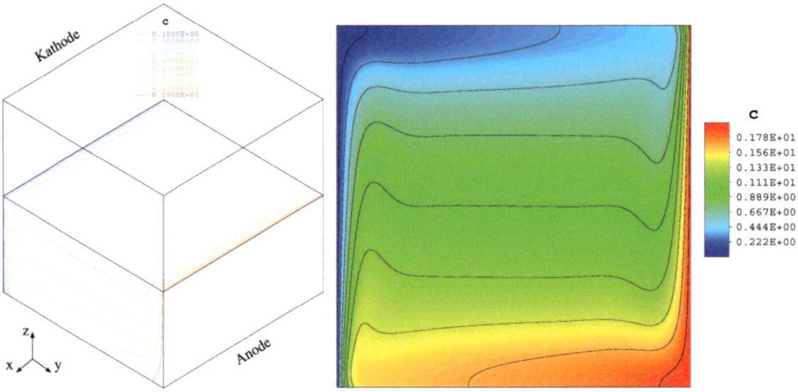

Abbildung 3.5: Links: Konturdarstellung der Kupferkonzentration c (dimensionslos) in der horizontalen Mittelebene der Zelle bei $z = 0.5$ und an der unteren Hälfte der vorderen Seitenwand. Rechts: c-Konturdarstellung (dimensionslos) in der vertikalen Mittelebene der Zelle bei $x = 0.5$ (Kathode links, Anode rechts).

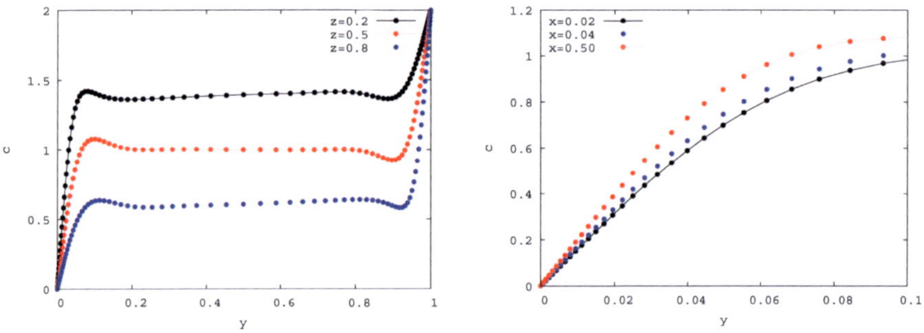

Abbildung 3.6: Verlauf der Kupferkonzentration c (dimensionslos) zwischen den Elektroden in der Zellmitte ($x = 0.5$) bei verschiedenen Höhen z (links) sowie in konstanter Höhe $z = 0.5$ bei verschiedenen x-Positionen in Kathodennähe (rechts).

etwa der oben erwähnten Dicke des vertikalen Wandjets von etwa 0.04. Dieser Wert stimmt gut mit dem Resultat aus der Skalenanalyse im Fall unendlich langer vertikaler Wände (Abschnitt 2.3.3) überein. Mit $H = 0.5$ ergibt sich $Ra_H = 125000$, womit aus Gleichung (2.132) folgt:

$$\delta_c \sim H\ Ra_H^{-1/4} \sim 0.027. \tag{3.1}$$

Ein weiterer wesentlicher Effekt ist das Ausbilden einer vertikalen Dichte-Stratifikation, die an der Konzentrationsverteilung der Kupferionen abgelesen werden kann (Bark und Alavyoon 1994). Ursache sind die durch die Elektrodenreaktion hervorgerufenen Dichteänderungen. Die Naturkonvektion transportiert an der Kathode leichten Elektrolyten der Konzentrationsgrenzschicht aufwärts und an der Anode entsprechend schweren Elektrolyten abwärts. An Deckel und Boden der Zelle wird die vertikale Konvektion jeweils in eine horizontale Richtung umgelenkt. Die sich bis auf die gegenüberliegende Elektrodenseite ausbreitenden Schichten geringer bzw. größerer Dichte werden in der Literatur auch als Intrusionsschichten bezeichnet (Patterson und Imberger 1980; Yang u. a. 2008a). Da an den gegenüberliegenden Elektrodenseiten die Auftriebskräfte die weitere, vertikal fortzusetzende Bewegung dieser Schichten hemmen, akkumulieren sich leichter Elektrolyt im oberen Zellbereich unterhalb des Deckels und schwerer Elektrolyt im unteren Zellbereich in Bodennähe. Auf der rechten Seite von Abb. 3.5 kann man so deutliche vertikale Dichteunterschiede ausmachen, insbesondere in Boden- und Deckelnähe. Diese Regionen haben eine Dicke von etwa 0.2 und reichen fast bis zur Konzentrationsgrenzschicht der gegenüberliegenden Elektrode. Im linken Teil der Abb. 3.6 sind horizontale Schnitte der Konzentration aus dem rechten Bild in Abb. 3.5 zu sehen, die die ausgebildeten Konzentrationsgrenzschichten in Elektrodennähe und auch die vertikalen Konzentrationsunterschiede in Zellmitte deutlich widerspiegeln. In der Nähe der passiven Seitenwände führt die verlangsamte Vertikalkonvektion zu dickeren Konzentrationsgrenzschichten, da weniger frischer Elektrolyt herangeführt wird (siehe Abb. 3.5 links). Diese Situation ist auch detailliert im rechten Teil der Abb. 3.6 zu sehen, wo aus Symmetriegründen nur das Verhalten an der Kathode gezeigt wird.

In Abb. 3.7 ist das verallgemeinerte Potential f dargestellt. Im linken Bild ist zu sehen, dass sich im mittleren Bereich der Anode in Deckelnähe ein Maximum von f befindet. Obwohl verdeckt und damit nicht zu sehen, befindet sich aus Symmetriegründen im mittleren Bereich der Kathode in Bodennähe ein entsprechendes Minimum. Da die Stromdichte als Gradient des verallgemeinerten Potentials definiert ist, kann man hieraus bereits auf eine gewisse Neigung der Stromdichtevektoren bezüglich der Horizontalen schließen. Im mittleren Teilbild ist das verallgemeinerte Potential in Zellmitte $x = 0.5$ in verschiedenen Höhen z dargestellt. Entsprechend der oben diskutierten Variation der Dicke der Konzentrationsgrenzschicht mit der Höhe variiert hier die Stromdichte, d.h. der Anstieg des verallgemeinerten Potentials. Das rechte Teilbild zeigt die horizontale Variation des verallgemeinerten Potentials in Zellmitte $z = 0.5$. Aus Symmetriegründen ist nur die Region nahe der Kathode an einer Seitenwand gezeigt. Die Verringerung der Stromdichte in Seitenwandnähe ist konsistent mit den oben diskutierten entsprechend dickeren Konzentrationsgrenzschichten.

3.1.4 Wirkung der Lorentzkraft

Im Folgenden werden drei Grundorientierungen eines externen homogenen Magnetfeldes $\mathbf{B}_0$ untersucht. Diese werden folgendermaßen bezeichnet:

$$Fall\,A: \quad \mathbf{B}_0 = B_0\,\mathbf{e}_x \quad elektrodenparallel \tag{3.2}$$

$$Fall\,B: \quad \mathbf{B}_0 = B_0\,\mathbf{e}_y \quad elektrodennormal \tag{3.3}$$

$$Fall\,C: \quad \mathbf{B}_0 = B_0\,\mathbf{e}_z \quad vertikal \tag{3.4}$$

Nimmt man in einem ersten Schritt vereinfachend an, dass die Stromdichte in der Zelle nur eine elektrodennormale Komponente besitzt, so kann man zu ersten Aussagen über die

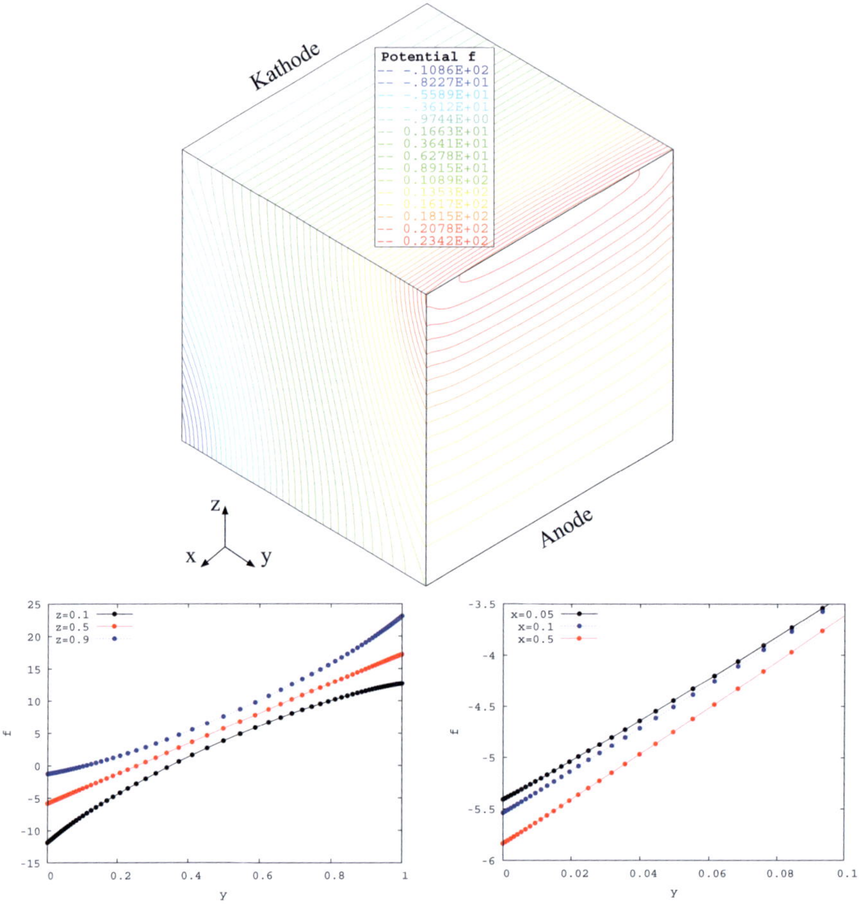

Abbildung 3.7: Verallgemeinertes Potential f an der Zelloberfläche (oben) sowie zwischen den Elektroden in Zellmitte $x = 0.5$ in verschiedenen Höhen z (unten links) und in verschiedenen Abständen von der Seitenwand x bei konstanter Höhe $z = 0.5$ (unten rechts).

Wirkung der Lorentzkraft gelangen. Abb. 3.8 zeigt in einem zweidimensionalen Schnittbild der Elektrolysezelle schematisch die Hauptrichtung der Stromdichte $\mathbf{j}$ sowie die aus den drei Magnetfeldrichtungen resultierende jeweilige Richtung der Lorentzkraftdichte $\mathbf{f}_L$. Im Fall A des elektrodenparallelen Magnetfeldes wird eine Lorentzkraft generiert, die in der dargestellten Mittelebene der Zelle liegt und vertikal nach oben zeigt. Daher liegt es in einer solchen Konfiguration nahe, den Einfluss des Magnetfeldes näherungsweise zunächst in einer zweidimensionalen Simulation zu berücksichtigen. Im Fall B des elektrodennormalen Magnetfeldes entsteht in diesem vereinfachten Bild keine Lorentzkraft, da Stromdichte- und Magnetfeldvektor parallel sind. Im Fall C des vertikalen Magnetfel-

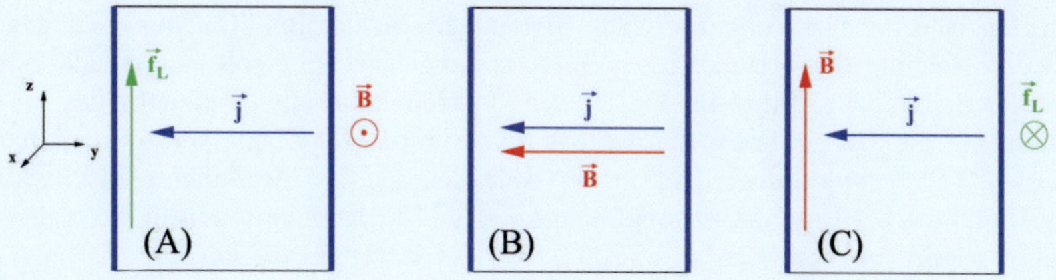

Abbildung 3.8: Schematische zweidimensionale Darstellung der Hauptrichtung der Stromdichte $\mathbf{j}$ sowie der aus den drei Magnetfeldrichtungen resultierenden jeweiligen Richtung der Lorentzkraftdichte $\mathbf{f}_L$.

des wird dagegen eine Lorentzkraft generiert, die aus der betrachteten Zell-Ebene heraus zeigt.

In der experimentellen Arbeit von Bund u. a. (2003) wurde die Abscheidung von Kupfer

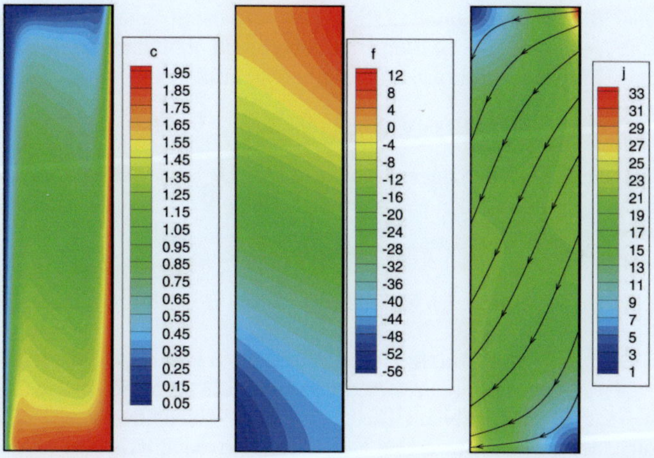

Abbildung 3.9: 2-D Simulation der Kupfer-Elektrolyse im Grenzstromregime in einer Zellgeometrie aus Bund u. a. (2003) ohne Magnetfeld. $Ra = 10^5$, $Sc = 2000$. Konzentration c, verallgemeinertes Potential f und Stromdichte j in dimensionslosen Einheiten (v.l.n.r.).

in hohen Quaderzellen mit vertikalen Wandelektroden unter dem Einfluss elektrodennormaler Magnetfelder (Fall B) untersucht. In dieser Konfiguration wurde ein Ansteigen des Grenzstromes mit wachsender Magnetfeldamplitude beobachtet. Aus den oben dargestellten Überlegungen ist ersichtlich, dass sich diese Effekte einer einfachen zweidimensionalen Erklärung entziehen. Eine erste Erklärung hierfür liefert die bereits in dem vorhergehenden Abschnitt diskutierte vertikale Veränderung der Dicke der Konzentrationsgrenzschicht. Da diese im Grenzstromregime unter Leitsalzeinfluss die Stromdichte an der Elektrode hauptsächlich bestimmt, ist im Gegensatz zu dem oben dargestellten ver-

einfachten Bild der elektrodennormalen Stromdichte in der Realität von einer gewissen vertikalen Neigung der Stromdichtevektoren auszugehen. Eine solche vertikale Komponente der Stromdichte führt im Fall B des elektrodennormalen Magnetfeldes zu einer Komponente der Lorentzkraft, die aus der betrachteten 2D-Ebene heraus zeigt und somit eine 3D-Strömung anregt. Um die vertikale Neigung der Stromdichte zu illustrieren, zeigt Abbildung 3.9 Ergebnisse zweidimensionaler Modellsimulationen in der Zellgeometrie der Experimente von Bund u. a. (2003) bei einer Rayleighzahl von $Ra = 10^5$ und einer Schmidtzahl von $Sc = 2000$. Wegen des Seitenverhältnisses Höhe zu Breite der Zelle von etwa 4:1 und der nur moderaten Rayleighzahl fällt die mittlere Neigung der Stromdichtevektoren in dieser Zelle sehr deutlich aus.
Eine weitere Erklärung für Abweichungen von dem zunächst betrachteten vereinfachten zweidimensionalen Bild in Abb. 3.8 liegt darin begründet, dass bisher der Einfluss der Seitenwände nicht betrachtet wurde und die Experimente generell bei höheren Rayleighzahlen ($>\sim 10^7$) stattfinden, so dass 3D-Effekte nicht ausgeschlossen werden können.
Aus strömungsmechanischer Sicht kommt im weiteren noch ein wichtiger Aspekt hinzu. Unter der Annahme nur kleiner Dichteänderungen im Elektrolyten (Boussinesq-Approximation, siehe Gl. 2.118) kann in den hier betrachteten Zellen mit vertikalen Wandelektroden lediglich der Rotationsanteil der Lorentzkraft eine Strömung antreiben (Mutschke und Bund 2008), während der rotationsfreie Anteil der Lorentzkraft nicht zur Konvektion beitragen kann. Für den Rotationsanteil der Lorentzkraft erhält man:

$$\nabla \times (\mathbf{j} \times \mathbf{B}_0) = (\mathbf{B}_0 \cdot \nabla)\,\mathbf{j} - (\mathbf{j} \cdot \nabla)\,\mathbf{B}_0 + \mathbf{j}\,(\nabla \cdot \mathbf{B}_0) - \mathbf{B}_0\,(\nabla \cdot \mathbf{j}) \tag{3.5}$$

Unter der Annahme eines homogenen Magnetfeldes $\mathbf{B}_0$ sowie dessen Quellenfreiheit $\nabla \cdot \mathbf{B}_0 = 0$ und der Erhaltung der elektrischen Ladung $\nabla \cdot \mathbf{j} = 0$ vereinfacht sich dieser Ausdruck zu:

$$\nabla \times (\mathbf{j} \times \mathbf{B}_0) = (\mathbf{B}_0 \cdot \nabla)\,\mathbf{j}(x, y, z) = B_0\,\partial_B\,\mathbf{j}(x, y, z) \tag{3.6}$$

Hierbei soll ∂_B die Ableitung des Stromdichtevektors in Richtung des Magnetfeldes bezeichnen.
Im Rahmen einer gegenüber Abb. 3.8 verallgemeinerten zweidimensionalen Näherung, in welcher ebenfalls vertikale Komponenten der Stromdichte auftreten dürfen und der Stromdichtevektor $\mathbf{j}(y, z)$ eine Ortsabhängigkeit in der (y, z)-Ebene besitzen darf, ergeben sich damit die folgenden Konsequenzen: Im Fall A des elektrodenparallelen Magnetfeldes verschwindet der Rotationsanteil der Lorentzkraft vollständig:

$$\mathbf{B}_0 = B_0\,\mathbf{e}_x : \qquad (\nabla \times \mathbf{f}_L)_{2D} = 0, \tag{3.7}$$

Hierbei spielt auch eine etwaige vertikale Komponente der Stromdichte keine Rolle, d.h. im Rahmen der 2D-Annahme gibt es in diesem Fall keinen MHD-Effekt (Mutschke und Bund 2008). Diese Aussage gilt auch in geringfügig geänderten Zellgeometrien, also z.B., falls die Elektroden nur horizontale Teilflächen („Streifen") der Seitenwände einnehmen (Mutschke und Bund 2008). Die bereits oben diskutierten Veränderungen des Grenzstromes in den Experimenten von Bund u. a. (2003) oder auch von Kim und Fahidy (1995) unter Wirkung eines solchen Magnetfeldes sind daher vermutlich auf dreidimensionale Konvektionen in den Zellen zurückzuführen.
Im Fall C eines vertikalen Magnetfeldes gilt für den 2D-Rotationsanteil der Lorentzkraft

$$\mathbf{B}_0 = B_0\,\mathbf{e}_z : \qquad (\nabla \times \mathbf{f}_L)_{2D} = B_0 \partial_z\,\mathbf{j}_{2D}(y, z). \tag{3.8}$$

Wegen der bereits erwähnten charakteristischen vertikalen Dickenunterschiede der Konzentrationsgrenzschicht in den betrachteten Zellen mit vertikalen Wandelektroden (siehe Abb. 3.9) ist hier zu vermuten, dass ein deutlicher MHD-Effekt zu beobachten sein wird. Im Fall B eines elektrodennormalen Magnetfeldes gilt für den 2D-Rotationsanteil der Lorentzkraft entsprechend:

$$\mathbf{B}_0 = B_0\,\mathbf{e}_y : \qquad (\nabla \times \mathbf{f}_L)_{2D} = B_0\,\partial_y\,\mathbf{j}_{2D}(y,z), \tag{3.9}$$

Hier treten im Unterschied zum Fall des vertikalen Magnetfeldes nur Beiträge zum Rotationsanteil auf, die von den horizontalen Veränderungen der Stromdichte herrühren. Falls die Stromdichte nur horizontal orientiert ist, treten wegen $\nabla \cdot \mathbf{j} = 0$ solche Veränderungen nicht auf. Somit sind die im Fall B zu erwartenden Beiträge zum Rotationsanteil der Lorentzkraft an die Existenz vertikaler Komponenten der Stromdichte gekoppelt. Da die Hauptkomponente der Stromdichte elektrodennormal orientiert ist, wird der zu erwartende MHD-Effekt im Allgemeinen vermutlich schwächer als im Fall C des vertikalen Magnetfeldes sein. Jedoch sind insbesondere in Zellen mit großem Seitenverhältnis von Höhe zu Breite (siehe z.B. Abb. 3.9) deutliche Vertikalkomponenten der Stromdichte zu erwarten.

Abbildung 3.10 fasst die bisher getroffenen Aussagen zur Wirkung der Lorentzkraft im

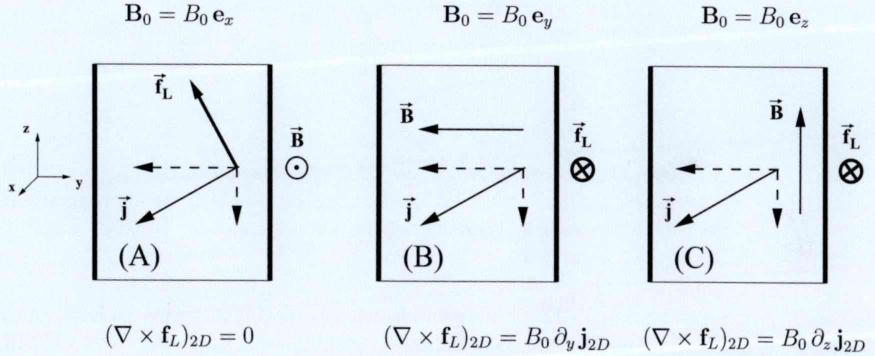

Abbildung 3.10: Schematische Darstellung der Richtung der Lorentzkraft unter der Annahme einer zweidimensionalen Stromdichte $\mathbf{j}_{2D}(y,z)$ für die drei Grundrichtungen homogener Magnetfelder. Darunter: resultierender Rotationsanteil der Lorentzkraft.

Rahmen der betrachteten 2D-Näherung für alle drei Magnetfeldrichtungen zusammen. Im Fall A ergibt sich eine Lorentzkraft in der betrachteten 2D-Ebene, deren Rotation jedoch verschwindet. Interessant ist weiter, dass in den beiden Fällen B und C durch das Zusammenspiel des Magnetfeldes mit der jeweils zu ihr normal orientierten Komponente der Stromdichte eine Lorentzkraft generiert wird, welche aus der betrachteten 2D-Ebene heraus zeigt und primär eine horizontale Konvektion anregt. Hierbei wirkt jedoch nur der Rotationsanteil der Lorentzkraft, welcher noch zu untersuchen ist. Insgesamt wird deutlich, dass ein vereinfachtes zweidimensionales Bild prinzipiell nicht ausreicht, um die

Wirkung der Lorentzkraft in homogenen Magnetfeldern auf die zu erwartende Konvektion in der Elektrolysezelle zu verstehen. Die im Folgenden ausgeführten numerischen Simulationen müssen daher dreidimensional erfolgen.

3.1.5 Grenzstrom und Konvektion im Magnetfeld

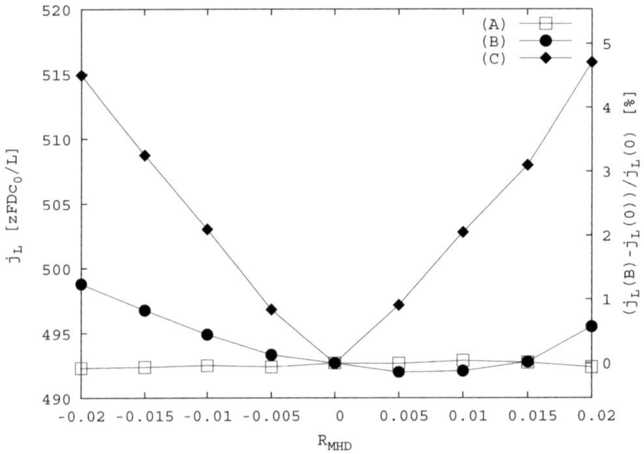

Abbildung 3.11: Grenzstromdichte der Zelle j_L (dimensionslose Einheit) als Funktion des MHD-Parameters R_{MHD} für verschiedene Magnetfeldrichtungen. An der rechten Achse ist die prozentuale Veränderung des Grenzstromes im Vergleich zum Fall $R_{MHD} = 0$ dargestellt.

In diesem Abschnitt werden die Ergebnisse dreidimensionaler Simulationen im homogenen Magnetfeld diskutiert. Im Zentrum des Interesses steht hierbei zunächst, inwieweit die wirkenden Lorentzkräfte den Stoffübergang verbessern können. Abb. 3.11 fasst daher die dimensionslosen Werte der Grenzstromdichte j_L als Funktion des MHD-Parameters R_{MHD} für alle drei untersuchten Richtungen des Magnetfeldes zusammen. Hierbei ist die mittlere, über die Elektrodenfläche gemittelte Grenzstromdichte dargestellt:

$$j_L = \frac{I_L}{A} = \frac{1}{A}\int_A \mathbf{j} \cdot \mathbf{dA} \tag{3.10}$$

Im Fall A, wenn das magnetische Feld horizontal und parallel zu den Elektroden gerichtet ist, kann man fast keinen Einfluss auf den Grenzstrom der Zelle ausmachen. Dies überrascht nicht, da bei den hier untersuchten Rayleighzahlen von $Ra = 10^6$ die Stromdichte fast perfekt zweidimensional ist. Somit ist die Lorentzkraft im Wesentlichen rotationsfrei, und folglich regt das Magnetfeld fast keine Konvektion an. Lediglich die 3D-Effekte auf Grund der Seitenwände führen zu rotationsbehafteten Anteilen der Lorentzkraft, welche jedoch im hier untersuchten Parameterbereich im Mittelwert der Grenzstromdichte eine nur geringe Veränderung bewirken.

Abbildung 3.12 zeigt das Verhalten von Geschwindigkeit, Konzentration und verallgemeinertem Potential für ein elektrodenparalleles Magnetfeld der dimensionslosen Stärke

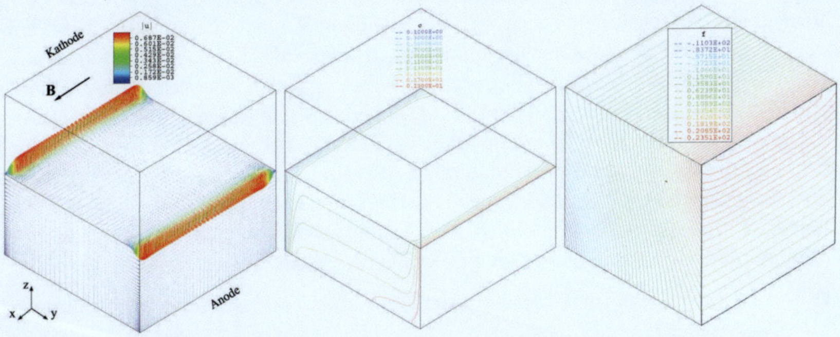

Abbildung 3.12: Geschwindigkeit **u**, Konzentration c und verallgemeinertes Potential f (alle dimensionslos) im Fall A (elektrodenparalleles Magnetfeld), $R_{MHD} = 0.02$.

meinertem Potential für ein elektrodenparalleles Magnetfeld der dimensionslosen Stärke von $R_{MHD} = 0.02$. Man sieht hier nur minimale Unterschiede zum bereits oben diskutierten Fall ohne Magnetfeld (siehe Abb. 3.4, 3.5 und 3.7). Interessanter erscheint das

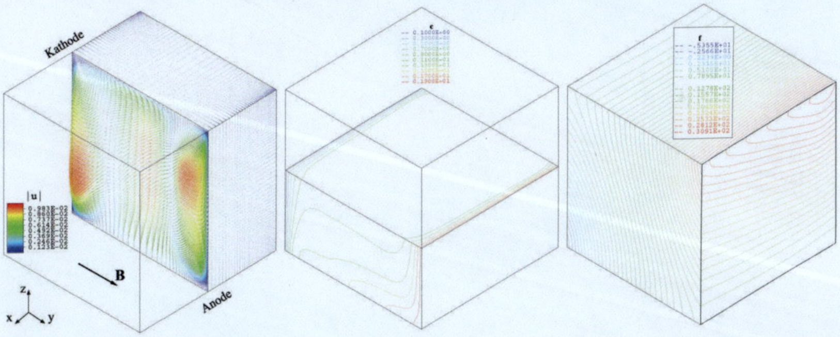

Abbildung 3.13: Geschwindigkeit **u**, Konzentration c und verallgemeinertes Potential f (alle dimensionslos) im Fall B (elektrodennormales Magnetfeld), $R_{MHD} = 0.02$.

Verhalten im Fall B eines elektrodennormal orientierten Magnetfeldes. Hier entsteht bei moderaten Werten des MHD-Parameters ein geringfügig asymmetrischer Einfluss auf den Grenzstrom, während sich bei stärkeren Magnetfeldamplituden in beiden Richtungen des Magnetfeldes ein Anstieg des Grenzstromes durchsetzt. Abbildung 3.13 zeigt das Verhalten von Geschwindigkeit, Konzentration und verallgemeinertem Potential bei einem Wert des MHD-Parameters von $R_{MHD} = 0.02$. Im Vektorplot der Geschwindigkeit in der vertikalen Mittelebene in der Zelle erkennt man, dass sich im Bodenbereich nahe der Kathode sowie im Deckelbereich nahe der Anode eine elektrodenparallele horizontale Konvektion herausgebildet hat. Diese ist in den beiden farblich gut sichtbaren Regionen maximaler

Geschwindigkeit gleich gerichtet und zeigt aus der dargestellten vertikalen Ebene heraus (x-Richtung). In der Zellmitte ist weiterhin eine schwächer ausgeprägte horizontale Rückströmung entgegengesetzter Richtung sichtbar. Die beiden ausgeprägten Maxima in Elektrodennähe weisen auf ein sich mit wachsendem Magnetfeld ausbildendes Konvektionsmuster hin, welches in einer gegenläufigen Horizontalzirkulation im Boden- und im Deckelbereich der Zelle besteht. Dieses ist in höheren Zellen deutlicher ausgebildet und wird in Abschnitt 3.1.6 genauer diskutiert. Die in der Mitte dargestellte Konzentrationsverteilung ist gegenüber dem Fall ohne Magnetfeld nur geringfügig modifiziert. Verursacht durch die Konvektion in Elektrodennähe in x-Richtung nimmt die Dicke der Konzentrationsgrenzschichten in der Mittelebene in x-Richtung ebenfalls geringfügig zu. Hieraus resultiert die im rechten Bildteil von Abb. 3.13 dargestellte asymmetrische Verschiebung des Maximums des verallgemeinerten Potentials im Deckelbereich der Anode.

Im Fall C ist das Magnetfeld vertikal orientiert. Hier bemerkt man in Abbildung 3.11

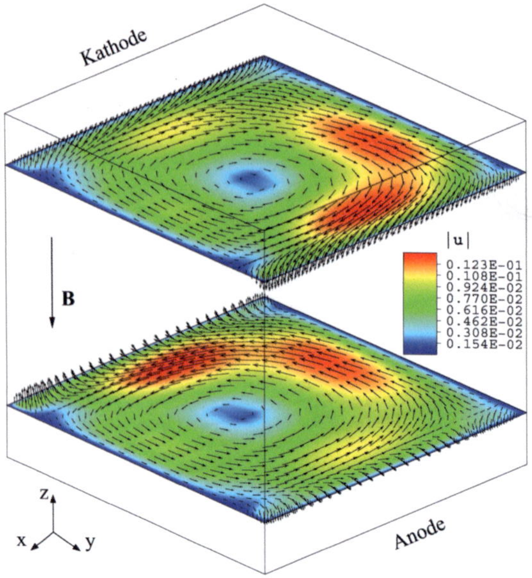

Abbildung 3.14: Vertikales Magnetfeld (Fall C), $R_{MHD} = -0.01$. Geschwindigkeitsvektoren (schwarz) und Farbkonturen des Betrages der Geschwindigkeit $|u|$ (in dimensionslosen Einheiten) in zwei horizontalen Ebenen $\Delta z = \pm 0.15$ oberhalb vom Boden bzw. unterhalb vom Deckel der Zelle (aus Mutschke u. a. (2010a)).

den bisher stärksten Anstieg des Grenzstromes, der nahezu linear und auch unabhängig vom Vorzeichen des MHD-Parameters zu verlaufen scheint. Abb. 3.14 zeigt bei einem MHD-Parameter von $R_{MHD} = -0.01$ mit nach unten gerichtetem Magnetfeld in zwei horizontalen Ebenen nahe dem Boden und dem Deckel der Zelle die Vektoren und die Farbkonturen des Betrages der Geschwindigkeit u. Hierbei wurden die beiden horizontalen Ebenen so ausgewählt, dass sie das Maximum der Geschwindigkeit in der oberen

bzw. unteren Zellhälfte enthalten. Deutlich ist eine entgegengesetzte Drehströmung in beiden Ebenen zu erkennen, die im Bodenbereich gegen den Uhrzeigersinn und im Deckelbereich im Uhrzeigersinn verläuft. Das Maximum der Geschwindigkeit in der unteren Ebene befindet sich hierbei in Kathodennähe und in der oberen Ebene in Anodennähe. Auf bereits im Fall B diskutierte asymmetrische Einflüsse sind die Nebenmaxima der Geschwindigkeit in beiden Ebenen nahe der hinteren Seitenwand zurückzuführen. Im Fall vertikaler Magnetfelder sind die Konvektionseffekte stärker als im Fall elektrodennormaler Felder (siehe Abb. 3.13). Bei der hier betrachteten Magnetfeldamplitude würde man im Fall B nur eine schwache horizontale Konvektion ausmachen, die ebenfalls geringer ausfällt als die Naturkonvektion (siehe Mutschke u. a. (2010a)). Die offensichtlich durch die Lorentzkraft erzwungene horizontale Konvektion ist bei dem hier gewählten Wert des MHD-Parameters im Fall vertikaler Magnetfelder bereits stärker als die gewöhnliche Auftriebskonvektion, die in Abb. 3.14 ebenfalls zu erkennen ist.
Bei einem nach oben zeigenden Magnetfeld gleicher Amplitude von $R_{MHD} = 0.01$ würde man ein entsprechendes in x gespiegeltes Bild erhalten, in dem ein umgekehrter Drehsinn der Konvektion in den beiden Ebenen erkennbar ist. Eine weitere Erhöhung der Magnetfeldamplitude bis zu untersuchten Werten von $|R_{MHD}| \leq 0.03$ änderte neben der zu erwartenden Geschwindigkeitszunahme der horizontalen Konvektion die beobachtete Struktur der Strömung nicht. Das hier gefundene Strömungsmuster hat gewisse Ähnlichkeit mit der sich zwischen zwei gegensätzlich rotierenden Scheiben einstellenden Strömung. Für einen Überblick zu solchen „von Karman swirling flows“ sei auf Zandbergen und Dijkstra (1987) verwiesen.

Abb. 3.15 zeigt links Konturen der Cu^{2+}-Konzentration in der vertikalen (y, z)-Ebene

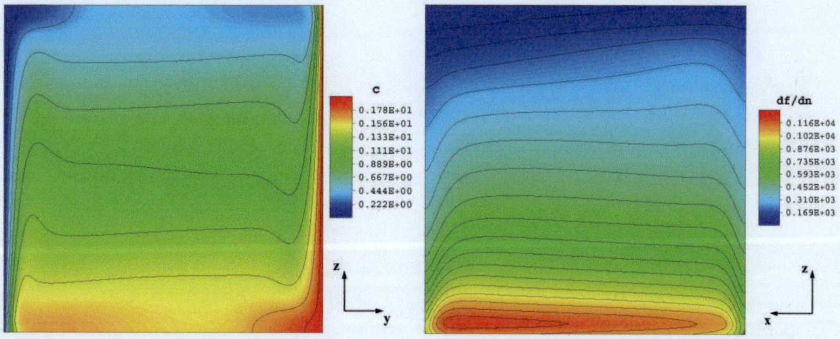

Abbildung 3.15: Vertikales Magnetfeld, $R_{MHD} = 0.02$. Links: Konturdarstellung der Cu^{2+}-Konzentration in der (y, z)-Ebene in Zellmitte bei $x = 0.5$. Rechts: Normalableitung des verallgemeinerten Potentials df/dn an der Kathode (Blick aus dem Zellinnern). Alle Größen dimensionslos.

in Zellmitte zwischen den Elektroden. Im Vergleich zum Fall ohne Magnetfeld, der in Abb. 3.5 dargestellt ist, erkennt man zunächst nur relativ wenig Veränderung. Durch die zirkulare Horizontalkonvektion wird die vertikale Stratifikation der Cu^{2+}-Konzentration etwa in Zellmitte im Boden- und Deckelbereich jeweils geringfügig reduziert. Abb. 3.15 zeigt sodann rechts die Normalableitung des verallgemeinerten Potentials df/dn an der Kathode. Hieraus kann man auf die Stromdichteverteilung schließen, welche neben der erwarteten vertikalen Abhängigkeit eine geringe horizontale Asymmetrie insbesondere im Bodenbereich zeigt, die sich mit der durch die Lorentzkraft hervorgerufenen Horizontalkonvektion erklären lässt.

Abbildung 3.16 zeigt in der mittleren vertikalen Ebene der Zelle bei $x/L = 0.5$ einen de-

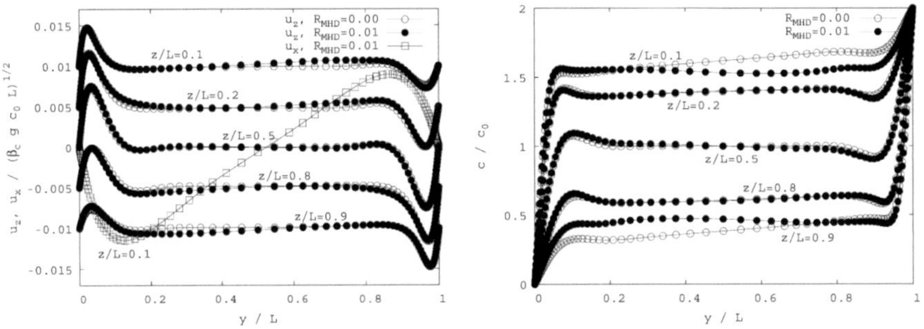

Abbildung 3.16: Links: Vergleich der vertikalen Geschwindigkeit u_z ohne und mit Magnetfeld ($R_{MHD} = 0.01$) in unterschiedlichen Höhen z in der mittleren Ebene der Zelle ($x/L = 0.5$). Zur besseren Unterscheidung wurden die Kurven jeweils vertikal um $u_z = 0.005$ verschoben. Zusätzlich ist im Fall mit Magnetfeld die horizontale Geschwindigkeit u_x bei $z/L = 0.1$ blau dargestellt (aus Mutschke u. a. (2010a)). Rechts: Vergleich der Kupferkonzentration c ohne und mit Magnetfeld in unterschiedlichen Höhen z in der mittleren Ebene der Zelle ($x/L = 0.5$) (aus Mutschke u. a. (2010a)).

taillierten Vergleich der Verläufe der Geschwindigkeit und der Konzentration ohne und mit vertikalem Magnetfeld. Links ist der Verlauf der vertikalen Geschwindigkeitskomponente u_z in unterschiedlichen Höhen z dargestellt. Man erkennt, dass die aus der Naturkonvektion resultierenden Geschwindigkeitsprofile in Elektrodennähe durch die Wirkung der Lorentzkraft nur geringfügig modifiziert werden. Zusätzlich ist im Fall mit Magnetfeld im Bodenbereich der Zelle bei $z/L = 0.1$ die horizontale Geschwindigkeitskomponente u_x blau dargestellt. Diese resultiert aus der Lorentzkraft und reflektiert die oben beschriebene horizontale Zirkulationsströmung in der gesamten Zellebene. Die entsprechenden Maximalgeschwindigkeiten werden hierbei in größerem Wandabstand als die Maxima der Naturkonvektion erreicht. Weiter ist klar ersichtlich, dass bereits bei der hier untersuchten Magnetfeldamplitude von $R_{MHD} = 0.01$ die MHD-Konvektion im stationären Strömungsregime lokal größere Geschwindigkeiten erreicht als die Naturkonvektion. Dies liegt darin begründet, dass die horizontale Zwangskonvektion im Gegensatz zur vertikalen Naturkonvektion durch die entwickelte vertikale Dichtestratifikation nicht beeinflusst wird.

Auf der rechten Seite von Abb. 3.16 sind die entsprechenden Verläufe der Kupferkonzentration c mit ($R_{MHD} = 0.01$) und ohne Magnetfeld in unterschiedlichen Höhen z in der mittleren vertikalen Ebene der Zelle ($x/L = 0.5$) dargestellt. Wie bereits auf Grund der geringen Änderungen in den Geschwindigkeitsprofilen zu vermuten war, sind die Konzentrationsgrenzschichten an den Elektroden nur geringfügig durch das Magnetfeld modifiziert. Lediglich im Bodenbereich der Kathode und im Deckelbereich der Anode erkennt man eine gewisse Abnahme der Schichtdicke und auch eine Homogenisierung der Konzentration im Zellinnern, die durch die horizontale MHD-Konvektion verursacht wird. Insgesamt ist die typische vertikale Dickenverteilung der Konzentrationsgrenzschichten an den Elektroden und auch der vertikalen Dichtestratifikation in der Zelle (Bark und Alavyoon 1995; Bark 1990) durch den Einfluss des hier wirkenden Magnetfeldes bis auf die geringfügigen Unterschiede im Deckel- und Bodenbereich im Wesentlichen unverändert (Mutschke u. a. 2008, 2010a). Dies passt wiederum gut zu den beobachteten Grenzstromänderungen in Abb. 3.11, die auch im Fall vertikaler Magnetfelder im hier betrachteten Parameterbereich nur wenige Prozent betragen.

3.1.6 Schematische Erklärung der MHD-Konvektion

Interessanterweise ist das Anregen der hier beschriebenen charakteristischen zirkularen Strömungen nicht auf die untersuchten niedrigen Rayleighzahlen beschränkt. In Hess (2008) und Mutschke u. a. (2010a) sind Ergebnisse numerischer Untersuchungen beschrieben, die in „hohen“ Elektrolysezellen (Verhältnis Höhe zu Breite etwa 4:1) von A. Hess ausgeführt wurden. Bei der betrachteten Rayleighzahl von $Ra = 1.2 \cdot 10^9$ ist die Strömung in der Zelle transient. Unter der Wirkung eines elektrodennormalen Magnetfeldes der Stärke von $R_{MHD} = -0.0012$ ergaben sich ebenfalls dominante Strömungsstrukturen horizontaler Konvektion im Deckel- und Bodenbereich der Zelle, die von schwächeren transienten Fluktuationen überlagert sind. Die Maxima der Geschwindigkeit der zirkularen MHD-Konvektion wurden im Bodenbereich auf der Seite der Kathode und im Deckelbereich auf der Seite der Anode gefunden. Hierbei waren die charakteristische vertikale Struktur der Konzentrationsgrenzschichten an den Elektroden sowie die vertikale Stratifikation in der Zelle ebenfalls nur geringfügig durch das Magnetfeld beeinflusst. Der gefundene Anstieg des Grenzstromes von etwa 1.8 % stimmt gut mit dem Vergleichswert von 2 % aus dem Experiment von Bund u. a. (2003) überein, für weitere Details sei auf Mutschke u. a. (2010a) verwiesen.

Die Gesamtheit der vorliegenden Ergebnisse im Fall homogener Magnetfelder gestattet eine einfache schematische und zusammenfassende Erklärung der durch die Lorentzkraft hervorgerufenen Effekte: Im hier untersuchten Grenzstromregime mit Leitsalzüberschuss bestimmt die vertikale Struktur der Konzentrationsgrenzschichten an den Elektroden die vertikale Stromdichteverteilung. Diese charakteristische Struktur sowie die vertikale Stratifikation der Dichte des Elektrolyten in der Zelle wurden im untersuchten Parameterbereich durch die Wirkung der Magnetfelder in den Fällen B und C nur geringfügig modifiziert und blieben im Wesentlichen unverändert. Dies ist aus Abb. 3.17 gut ersichtlich, wo links der Verlauf des verallgemeinerten Potentials f zwischen den Elektroden in Zellmitte bei verschiedenen Höhen z für ein vertikales Magnetfeld der Stärke $R_{MHD} = 0.01$ dargestellt ist. Der Anstieg des Potentials an den Elektroden widerspiegelt die erwartete vertikale Abhängigkeit der Stromdichte. Aus der Abbildung rechts ist ersichtlich, dass in horizontaler Richtung in Mittelhöhe $z = 0.5$ nur geringe Abweichungen auftreten. Abb. 3.18 fasst schematisch die Verhältnisse in kubischen und auch „hohen“ Zellen zusammen. Aus der charakteristischen vertikalen Dickenverteilung der Konzentrationsgrenzschichten resultieren im Grenzstromregime mit Leitsalz Stromdichten, die jeweils umgekehrt proportional zur lokalen Dicke der Grenzschicht sind. Weiter sind die Strom-

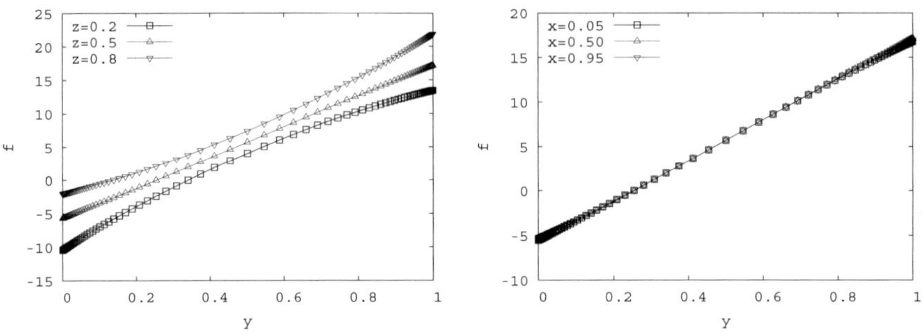

Abbildung 3.17: Verlauf des verallgemeinerten Potentials f zwischen den Elektroden in Zellmitte ($x = 0.5$) in verschiedenen Höhen z (links) sowie in Mittelhöhe ($z = 0.5$) bei verschiedenen x-Werten (rechts). Vertikales Magnetfeld, $R_{MHD} = 0.01$, alle Größen dimensionslos.

dichtevektoren im Fall „hoher“ Zellen stärker vertikal geneigt als in kubischen Zellen.
Wirkt in kubischen Zellen ein vertikales Magnetfeld, so entsteht im Zusammenspiel mit der elektrodennormalen Hauptkomponente der Stromdichte eine horizontale Lorentzkraftverteilung. Diese ist im Boden- und im Deckelbereich der Zelle stark inhomogen, während sie im restlichen Teil der Zelle näherungsweise homogen (konstant) ist. Analysiert man die Lorentzkraftverteilung in einer horizontalen Ebene im Bodenbereich der Zelle, so erkennt man starke elektrodenparallele Kräfte an der Kathodenseite gegenüber gleich gerichteten, aber nur schwachen Kräften an der Anodenseite. Entsprechend entgegengesetzte Verhältnisse finden sich in einer horizontalen Ebene im Deckelbereich der Zelle. Jedoch kann nur der Rotationsanteil der Lorentzkraft eine Strömung in der Zelle antreiben (Mutschke und Bund 2008). Diesen Rotationsanteil erhält man näherungsweise, indem man den Anteil der kleinen Lorentzkraft an der Elektrode mit der dickeren Grenzschicht als konstanten Anteil in jedem Punkt der Ebene von der Lorentzkraft abzieht. Tut man dies in jeder horizontalen Ebene in der Zelle, so verbleibt lediglich im Bodenbereich der Kathode und im Deckelbereich der Anode ein Rotationsanteil der Lorentzkraft, welcher eine horizontale Konvektion treibt, die sich in den horizontalen Ebenen zu einer zirkularen Bewegung schließt. Hierbei ist der Drehsinn dieser Konvektion in Boden- und Deckelbereich entgegengesetzt.
Im Fall „hoher“ Zellen existieren wie oben erwähnt stärkere vertikale Neigungen der Stromdichtevektoren. Somit kann ein elektrodennormales Magnetfeld im Zusammenspiel mit der Vertikalkomponente der Stromdichte eine Lorentzkraft generieren, welche analog zum vorher betrachteten vertikalen Feld zu inhomogenen Lorentzkräften im Boden- und Deckelbereich der Zelle führen. Schließlich erzeugen deren Rotationsanteile ein Konvektionsmuster wie im Fall des vertikalen Magnetfeldes (siehe Abb. 3.18).
Zusammenfassend kann man sagen, dass die Hauptwirkung homogener Magnetfelder in Zellen mit vertikalen Wandelektroden im Antreiben einer gegenläufig orientierten horizontalen Zirkulation des Elektrolyten im Boden- und Deckelbereich der Zelle besteht. Die Magnetfeldrichtung bestimmt hierbei den Drehsinn der Horizontalrotation.
In den hier untersuchten Fällen der Kupferabscheidung im homogenen Magnetfeld galt

$R_{MHD} \ll 1$. Hierdurch blieb in den elektrodennahen Regionen die Dominanz der Auftriebskräfte erhalten, wodurch die vertikale Struktur der Konzentrationsgrenzschichten und der Dichtestratifikation in der Zelle nahezu unverändert ist. Die MHD-Konvektion führt zu horizontaler Zirkulation zwischen den Elektroden im Boden- und Deckelbereich der Zelle, deren Stärke dort die Maximalgeschwindigkeiten der Naturkonvektion in der Zelle durchaus übertreffen kann. Die horizontale MHD-Konvektion und auch die von horizontalen Stromdichtekomponenten herrührenden 3D-Effekte führen zu einem asymmetrischen Verlauf von Geschwindigkeit und Konzentration bezüglich der vertikalen Mittelebene. Bei weiter wachsender Magnetfeldstärke kann die durch das Magnetfeld angeregte Zwangskonvektion ebenfalls transient werden, und die Stärke der durch sie angeregten Sekundärströmungen nimmt zu. Wahrscheinlich wird jedoch auch in diesen Fällen die Dominanz der horizontalen Konvektionsvorgänge in den oberen und unteren Zellregionen erhalten bleiben.

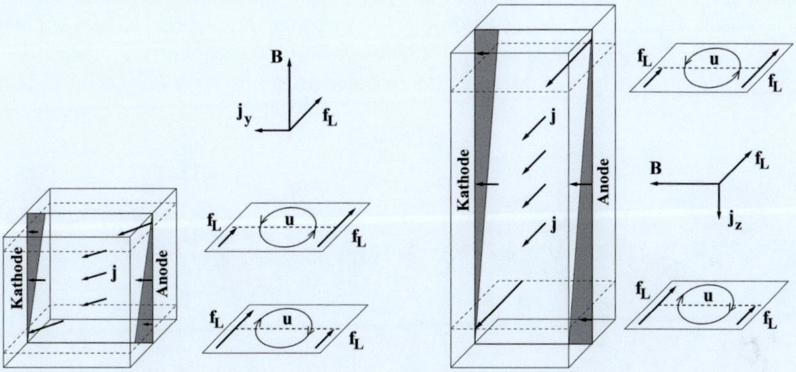

Abbildung 3.18: Schematische Darstellung von Konzentrationsgrenzschichten, Stromdichte und Lorentzkraft zur Erklärung der charakteristischen MHD-Konvektion im Fall vertikaler (links) und elektrodennormaler Magnetfelder (rechts).

3.1.7 Vergleiche mit Experimenten

In diesem Abschnitt werden die experimentellen Ergebnisse anderer Autoren zur Konvektion in quaderförmigen Elektrolysezellen mit vertikalen Wandelektroden unter der Wirkung vertikaler Magnetfelder vorgestellt. Der Fall C wurde gewählt, da hier die charakteristische MHD-Konvektion am stärksten ausgeprägt ist und in den vorangegangenen numerischen Simulationen in einem breiteren R_{MHD}-Bereich gefunden wurde. Aufgrund der cm-Größe der Zellen in den Experimenten zur Kupferabscheidung ist insbesondere die Rayleighzahl höher als in den vorangegangenen Modellsimulationen, in denen eine stationäre Lösung gefunden wurde. Aus diesem Grund kann nur ein qualitativer Vergleich erfolgen. Obwohl bei höheren Rayleighzahlen transiente Effekte auftreten können, sollte wegen $R_{MHD} \ll 1$ die oben vorhergesagte charakteristische Konvektionsstruktur erhalten bleiben.

Erste qualitative Ergebnisse zur Struktur der Konvektion bei der Abscheidung von Kupfer unter dem Einfluss vertikaler Magnetfelder sind in Mutschke u. a. (2008) detailliert beschrieben. In einer Zelle mit dem Seitenverhältnis H:B:T=18:20:18 mm, gefüllt mit einem Elektrolyt 0.01 M $CuSO_4$ + 0.25 M H_2SO_4, wurden PIV-Messungen in zwei horizontalen Ebenen im Deckel- und im Bodenbereich der Zelle von T. Weier und C. Cierpka ausgeführt. Die Stärke des vertikal orientierten Magnetfeldes betrug $B_0 = 0.22\,\mathrm{T}$. Diese Konfiguration entsprach dimensionlosen Parametern von $Sc = 1450$, $Ra = 1.2 \cdot 10^8$, $R_{MHD} = -0.0013$. In diesen PIV-Messungen konnte erstmals die theoretisch vorhergesagte und numerisch dargestellte Strömungsstruktur nachgewiesen werden. Auch in einem zweiten PIV-Experiment von S. Mühlenhoff und K. Eckert bei ähnlichen Parametern (quaderförmige Zelle mit Seitenverhältnis H:B:T=20:14:14 mm, Elektrolyt aus 0.1 M $CuSO_4$ + H_2SO_4 (pH3), vertikales Magnetfeld, $B_0 = 0.3\,\mathrm{T}$, dimensionslose Parameter $Sc = 1450$, $Ra = 1.5 \cdot 10^9$, $R_{MHD} = -0.0015$) konnte die gegenläufige horizontale Rotation beobachtet werden. Für weitere Details sei auf Mutschke u. a. (2008) verwiesen.

Eine genauere quantitative Untersuchung der Konvektion in einer kubischen Zelle unter

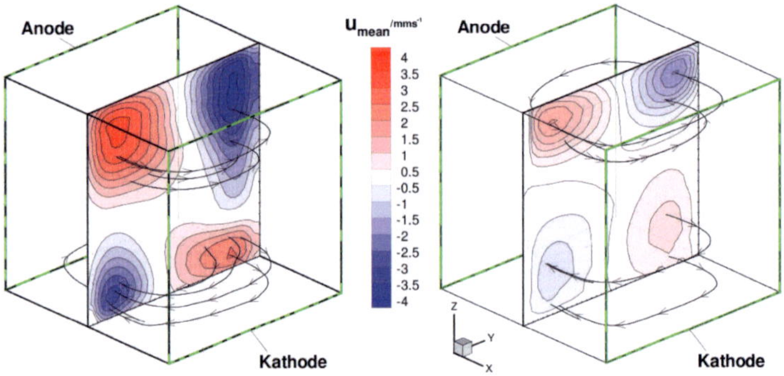

Abbildung 3.19: Konturdarstellung der zeitgemittelten x-Komponente der Geschwindigkeit in der elektrodenparallelen Mittelebene der Zelle sowie ausgewählte Stromlinien der Geschwindigkeit für Elektrolyt 2 (links) und Elektrolyt 1 (rechts). Weitere Details siehe Text. Bild aus Schaefer (2009).

dem Einfluss eines vertikalen Magnetfeldes erfolgte anschließend von P. Schäfer ebenfalls mit einer PIV-Methode (Schaefer 2009). Die Ergebnisse hieraus werden im Folgenden zusammengefasst und interpretiert (siehe auch Mutschke u. a. (2009)). In einer Zelle von $L = 2$ cm Kantenlänge kamen zwei verschiedene Elektrolytlösungen zur Anwendung. Bei fester Zellspannung von 0.5 V wurde im Fall des höher konzentrierten Elektrolyten 1 (0.9 M $CuSO_4$ + 1.5 M H_2SO_4) das Grenzstromregime noch nicht erreicht, während sich im Fall des niedriger konzentrierten Elektrolyten 2 (0.1 M $CuSO_4$ + 1.5 M H_2SO_4 + 0.8 M Na_2SO_4) die Zelle im Grenzstromregime befindet. Die dimensionslosen Parameter im Fall 1 sind: $Ra = 1.63 \cdot 10^{10}$, $Sc = 2361$ und $R_{MHD} = 0.00074$. Die dimensionslosen

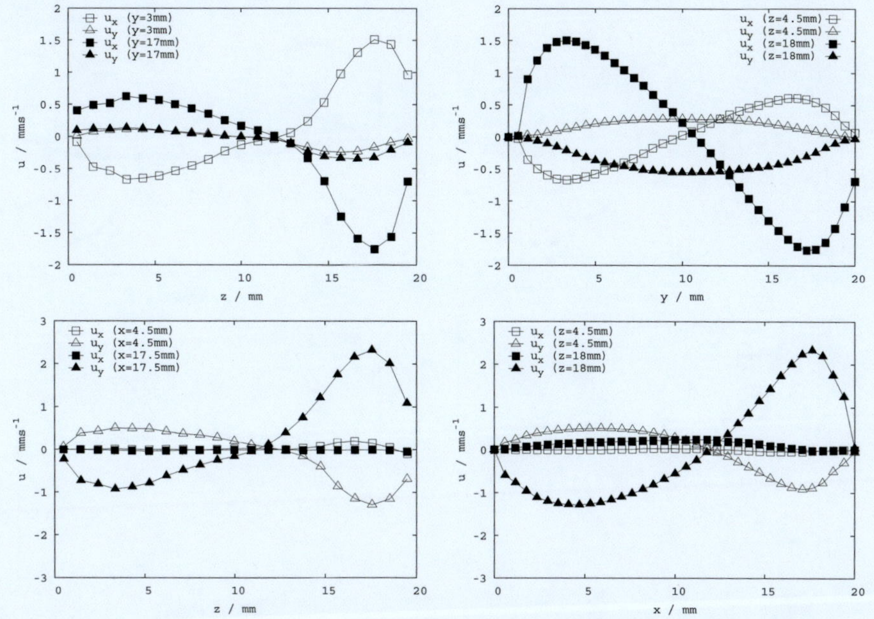

Abbildung 3.20: Zeitgemittelte Geschwindigkeitsprofile (PIV, P. Schäfer) aus Mutschke u. a. (2009). Oben: Konvektion in vertikaler, elektrodenparalleler Mittelebene bei $x = 10$ mm. Unten: Konvektion in vertikaler, elektrodennormaler Mittelebene bei $y = 10$ mm. Elektrolyt 1: 0.9 M $CuSO_4$ + 1.5 M H_2SO_4.

Parameter im Fall 2 sind: $Ra = 1.47 \cdot 10^9$, $Sc = 1475$ und $R_{MHD} = 0.001$. In beiden Fällen war die Zellströmung transient. Die folgenden Abbildungen zeigen daher zeitgemittelte Geschwindigkeiten (Mittelungszeit ca. 2 min). In Abb. 3.19 sind Farbkonturen der x-Komponente der Geschwindigkeit in der vertikalen Mittelebene zwischen den Elektroden sowie ausgewählte Stromlinien der Geschwindigkeit für beide untersuchte Elektrolyten dargestellt. Das vorhergesagte Konvektionsmuster der MHD-Strömung wird auch hier qualitativ gut widergespiegelt Im Folgenden wird das in Abb. 3.19 skizzierte Koordinatensystem verwendet. Die Abbildungen (3.20) und (3.21) zeigen genauer die nach Abklingen der Anfangstransienten (Wartezeit im Experiment 20 min) erhaltenen zeitgemittelten Geschwindigkeitsprofile. Ausgewählt wurden in den dargestellten vertikalen Ebenen jeweils jene horizontalen und vertikalen Linien, welche das Maximum der Horizontalgeschwindigkeit in der Ebene enthalten. Obwohl sich die Zelle mit dem höher konzentrierten Elektrolyten 1 nicht im Grenzstromregime befindet, sieht man in beiden Fällen die bereits mehrfach erwähnte charakteristische gegenläufige Horizontalrotation in Boden und Deckelbereich. Die Ursache hierfür ist wahrscheinlich das Ausbilden einer charakteristischen Dickenverteilung der vertikalen Konzentrationsgrenzschicht auch im Fall des Elektrolyten 1. Weiter beobachtet man, dass der Betrag der Zwangskonvektion im Fall 2 deutlich größer ist als im Fall 1, obwohl der Zellstrom, d.h. der Betrag der Lorentzkraft,

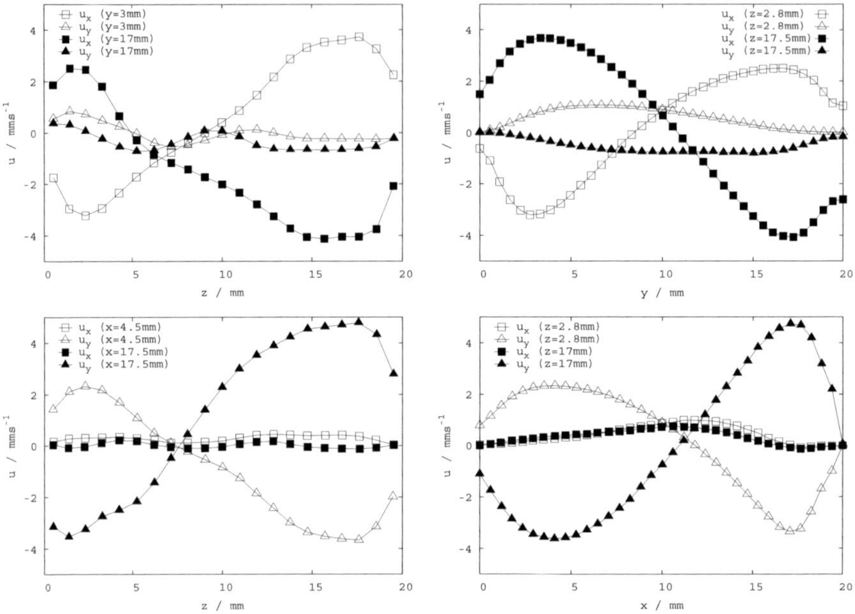

Abbildung 3.21: Zeitgemittelte Geschwindigkeitsprofile (PIV, P. Schäfer) aus Mutschke u. a. (2009). Oben: Konvektion in vertikaler, elektrodenparalleler Mittelebene bei $x = 10$ mm. Unten: Konvektion in vertikaler, elektrodennormaler Mittelebene bei $y = 10$ mm. Elektrolyt 2: 0.1 M $CuSO_4$ + 1.5 M H_2SO_4 + 0.8 M Na_2SO_4.

im Fall 1 etwa vier mal größer ist als im Fall 2. Dieses Resultat ist dadurch erklärbar, dass im Fall 1 der Migrationsanteil des Stromes noch wesentlich zum Gesamtstrom beiträgt, welcher näherungsweise als homogen angesehen werden kann. Zur Zwangskonvektion kann jedoch nur der Rotationsanteil der Lorentzkraft beitragen.

In den Abb. 3.22 und 3.23 sind zum Vergleich die aus den numerischen Simulationen in einer Würfelzelle ($Ra = 10^6$, $Sc = 2000$) erhaltenen Profile aller drei Komponenten der Geschwindigkeit bei einem vertikalen Magnetfeld der Stärke $R_{MHD} = -0.01$ dargestellt. Hierbei wurde zwecks besserer Vergleichbarkeit das gleiche Koordinatensystem wie in den Experimenten verwendet (siehe Abb. 3.19). In Abb. 3.22 sind die Profile in der vertikalen Mittelebene zwischen den Elektroden bei y/L=0.5 dargestellt, während Abb. 3.23 die Profile in der vertikalen Mittelebene parallel zu den Elektroden bei x/L=0.5 zeigt. In diesen Ebenen wurden die jeweiligen horizontalen und vertikalen Schnittlinien für die Profile näherungsweise jeweils so ausgewählt, dass lokale Maxima einer Geschwindigkeitskomponente in dieser Ebene dargestellt werden. Die beiden oberen Bilder in Abb. 3.23 zeigen, dass in der vertikalen Mittelebene parallel zu den Elektroden bei x/L=0.5 die horizontale MHD-Konvektion deutlich dominiert, deren Maxima in der Boden- und Deckelregion etwa gleich groß sind. Die beiden unteren Bilder zeigen ein geringfügig asymmetrisches Verhalten, da die MHD-Konvektion bei kleinen y-Werten stärker ist als bei großen y-Werten.

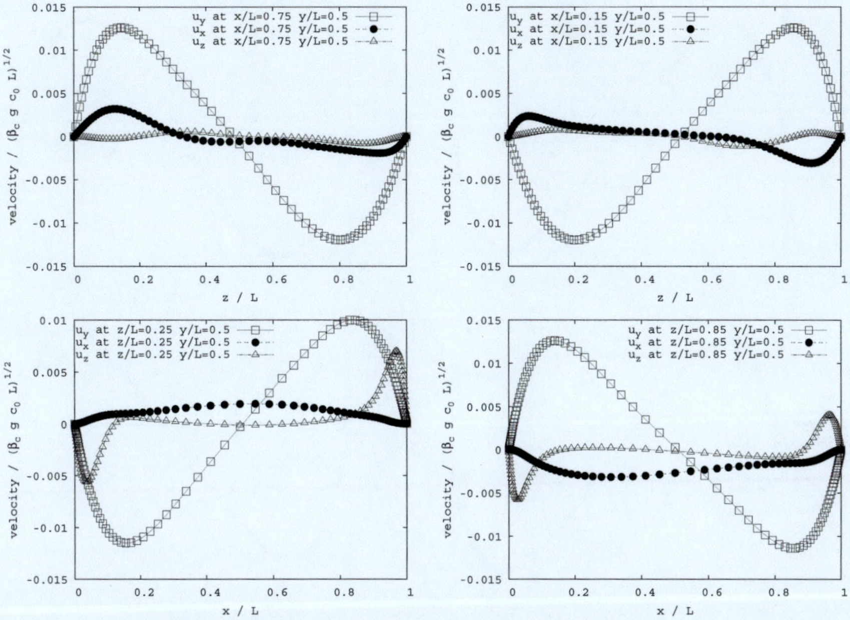

Abbildung 3.22: Numerisch bestimmte Geschwindigkeitsprofile aus Mutschke u. a. (2009) in der vertikalen Mittelebene zwischen den Elektroden bei y/L=0.5.

Im Vergleich der numerisch und der experimentell erhaltenen Konvektionsstrukturen erkennt man neben den erwarteten quantitativen Unterschieden auch geringe qualitative Abweichungen. In den Experimenten findet man für beide Elektrolyte das Maximum der Horizontalgeschwindigkeit im Deckelbereich der Zelle. Die gegenläufige Rotation im Bodenbereich ist schwächer ausgeprägt, insbesondere bei Elektrolyt 1, während in der Numerik beide Geschwindigkeiten gleich groß sind. Weiterhin befindet sich im Experiment das Maximum der Horizontalbewegung im Deckelbereich auf der Kathodenseite - dies ist wiederum deutlich beim Elektrolyten 1 ausgeprägt. Im Vergleich dazu findet man in der Numerik das Maximum der Horizontalbewegung im Deckelbereich näher an der Anodenseite (siehe Abb. 3.14); auch die schematische Erklärung der Konvektionsstruktur aus Abb. 3.18 lässt das Maximum auf der Anodenseite erwarten. Jedoch muss an dieser Stelle nochmals auf die deutlichen Unterschiede in den dimensionslosen Kennzahlen von Numerik und Experiment hingewiesen werden. Weiterhin weichen die experimentellen Bedingungen von den in der Simulation betrachteten Idealbedingungen (Leitsalzüberschuss und Grenzstromregime) klar erkennbar ab. So ist aus der Literatur z.B. bekannt, dass die Stärke des Grenzstromanstieges im Stoffsystem $CuSO_4$ + H_2SO_4 unter Magnetfeldeinfluss bei konstanter Kupfersalzkonzentration durchaus deutlich von der Konzentration des Leitsalzes abhängt (Kim und Fahidy 1995). Insgesamt jedoch unterstützt die gefundene qualitative Übereinstimmung in den Konvektionsstrukturen zwischen Numerik und Experiment die oben dargelegte schematische Erklärung der angeregten MHD-Strömung.

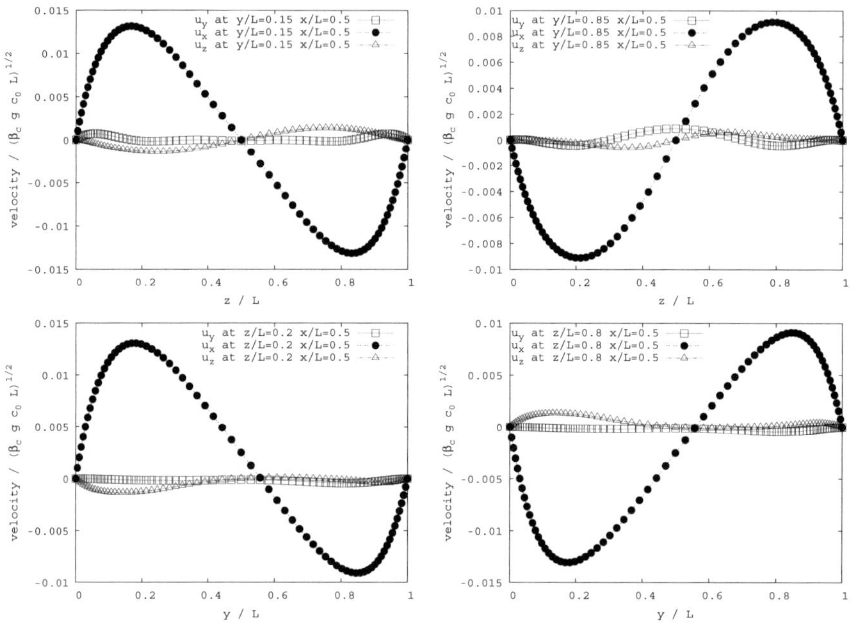

Abbildung 3.23: Numerisch bestimmte Geschwindigkeitsprofile aus Mutschke u. a. (2009) in der vertikalen Mittelebene parallel zu den Elektroden bei x/L=0.5.

3.2 Gradientenfelder zum Antrieb globaler Konvektion

3.2.1 Stationäre Untersuchungen und Motivation

Ein mögliches Anwendungsziel magnetischer Felder besteht neben einer Erhöhung des Grenzstromes der gesamten Zelle in der Verbesserung der Gleichmäßigkeit der Abscheidung. Dies wäre insbesondere an den hier untersuchten Zellen mit vertikalen Elektroden hilfreich. In diesem Abschnitt wird daher die Wirkung verschiedener Magnetfeldkonfigurationen auf Konvektion und Stoffübergang bei der Kupferelektrolyse im Hinblick auf eine möglichst homogene Abscheidung untersucht.

Die Untersuchungen des vorigen Abschnitts konzentrierten sich zunächst auf das Verständnis der durch homogene Magnetfelder angeregten MHD-Konvektion in den Elektrolysezellen mit vertikalen Elektroden. Bei den untersuchten moderaten Werten der Rayleighzahl von $Ra = 10^6$ erwiesen sich im stationären Zustand in der Zelle im Hinblick auf den Grenzstrom vertikale Magnetfelder als am aussichtsreichsten. Jedoch ist die resultierende MHD-Konvektion bei den untersuchten Parametern auf den Deckel- und Bodenbereich der Zelle beschränkt. Abb. 3.24 zeigt links den vertikalen Verlauf der Konzentration der Kupferionen in Zellmitte bei verschiedenen Amplituden der Magnetfeldstärke. Ausgewählt sind hierbei positive Werte von R_{MHD}. Bei entsprechenden negativen Werten erhält man

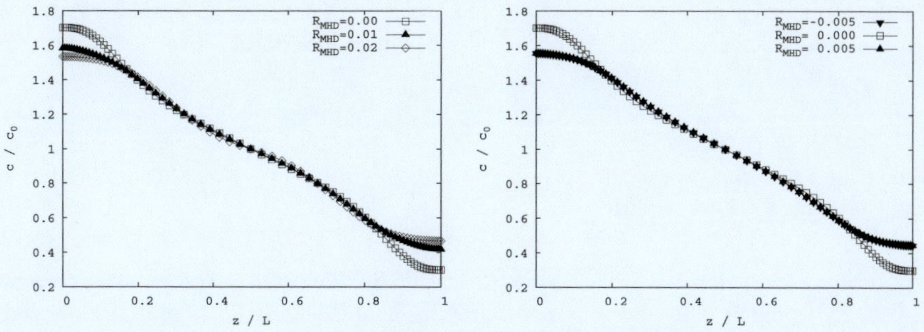

Abbildung 3.24: Vertikaler Verlauf der Konzentration der Cu^{2+}-Ionen in Zellmitte (Simulation, Würfelzelle, $Ra = 10^6$, $Sc = 2000$). Links: homogenes vertikales Magnetfeld. Rechts: inhomogenes vertikales Magnetfeld $B_z(y)$.

nahezu identische Kurven. Bedingt durch die räumliche Beschränkung sowie die horizontale Orientierung der MHD-Konvektion ändert sich der Verlauf der Dichtestratifikation in großen Bereichen der Zelle nicht, diese wird lediglich im Boden- und Deckelbereich reduziert. Hieraus kann man schließen, dass sich auch die vertikale Stromdichteverteilung nur wenig ändert. Da sich bei vertikal orientierten Magnetfeldern ein ähnliches Konvektionsmuster einstellt, erweisen sich insgesamt homogene Magnetfelder zum Anregen einer globalen Konvektion in der Zelle als nicht optimal. Die Ursache liegt darin begründet, dass nur der Rotationsanteil der Lorentzkraft eine Konvektion in der Zelle anfachen kann. Aus diesem Grund werden nun verschiedene möglichst einfache inhomogene Magnetfeldkonfigurationen mit konstantem Gradienten untersucht, die eine Konvektion in der gesamten Zelle anregen. Um einen schnellen Überblick zu erhalten und den Vergleich zu den Untersuchungen homogener Magnetfelder zu gewährleisten, wurden weitere numerische Simulationen in den bereits eingeführten Würfelzellen bei identischen Parametern (Ra, Sc) im stationären Grenzstromregime durchgeführt.

Abb. 3.25 zeigt eine Skizze zweier inhomogener Magnetfeldverteilungen, die beide einen

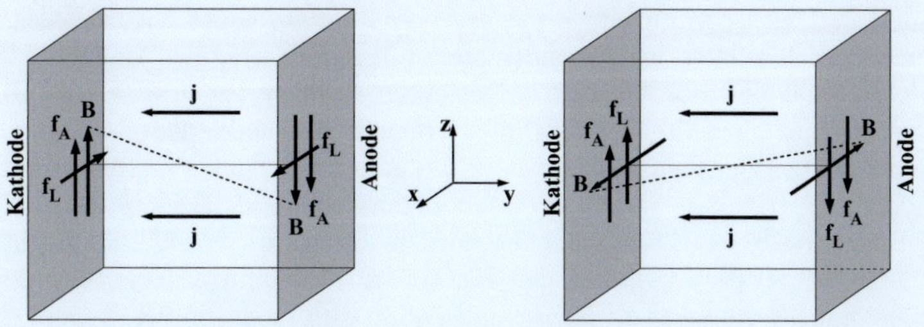

Abbildung 3.25: Skizze zweier inhomogener Magnetfeldverteilungen und der resultierenden Hauptrichtungen der Lorentzkraft $\mathbf{f}_L$. Dabei bezeichnet $\mathbf{f}_A$ die Auftriebskraft. Links: horizontale MHD-Konvektion. Rechts: vertikale MHD-Konvektion.

konstanten Gradienten des Magnetfeldes besitzen. Im Fall links ist das Magnetfeld vertikal orientiert und zeigt an der Kathode nach oben und an der Anode nach unten. Zwischen den Elektroden ändert sich die Amplitude des Magnetfeldes linear.

$$\mathbf{B} = 2B_0\left(\frac{y}{L} - \frac{1}{2}\right)\mathbf{e}_z = B_z(y)\mathbf{e}_z\,. \tag{3.11}$$

Nimmt man näherungsweise an, dass die Stromdichte nur eine y-Komponente besitzt, so erhält man für die Lorentzkraft

$$\mathbf{f}_L \approx B_z(y)j_y\mathbf{e}_x \tag{3.12}$$

Wie in der Skizze dargestellt, wird der Elektrolyt in Elektrodennähe jeweils stark beschleunigt, wodurch eine über die gesamte Zelle hauptsächlich horizontal zirkulierende Strömung entsteht. Für den Rotationsanteil dieser Lorentzkraft erhält man näherungsweise

$$\nabla \times \mathbf{f}_L \approx -j_y\partial_y B_z(y)\mathbf{e}_z\,. \tag{3.13}$$

Abb. 3.26 zeigt den Verlauf von Konvektion und Konzentration im inhomogenen vertika-

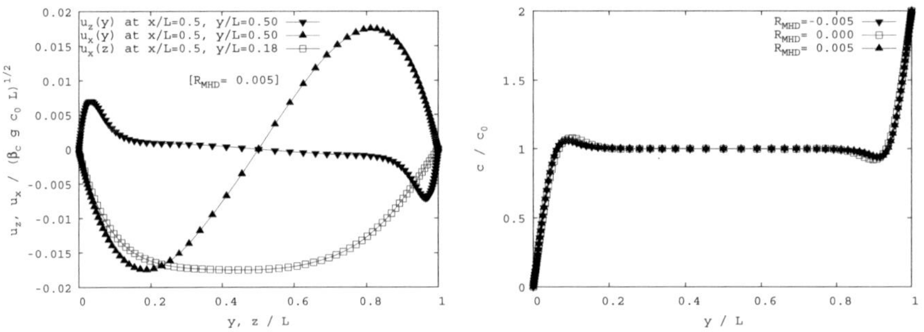

Abbildung 3.26: Inhomogenes vertikales Magnetfeld $B_z(y)$. Links: Geschwindigkeitskomponenten entlang angegebener Schnittlinien bei $R_{MHD} = 0.005$. Rechts: Verlauf der Konzentration zwischen den Elektroden in Zellmitte.

len Magnetfeld. Hierbei wurde eine dimensionslose Amplitude des Magnetfeldes $R_{MHD} = 0.005$ gewählt, welche auch im Folgenden stets mit dem Betrag des Magnetfeldes an der Elektrode B_0 gebildet wird. Aus den dargestellten Profilen der Geschwindigkeitskomponenten entlang der gewählten Schnittlinien erkennt man links den globalen Charakter der horizontalen Zirkulation, die sich über die gesamte Zellhöhe erstreckt und in ihrer Amplitude die Stärke der Naturkonvektion bereits übertrifft. Die vertikale Naturkonvektion in unmittelbarer Elektrodennähe wird jedoch kaum beeinflusst. Rechts ist der Verlauf der Konzentration zwischen den Elektroden in Zellmitte dargestellt, der nahezu unabhängig vom Vorzeichen von R_{MHD} und damit vom Drehsinn der Horizontalkonvektion nur wenig Veränderung gegenüber dem magnetfeldfreien Fall zeigt. In Abb. 3.24 ist rechts der vertikale Verlauf der Cu^{2+}-Konzentration in Zellmitte zu sehen. Dieser ist wiederum vom Drehsinn der MHD-Konvektion unabhängig und zeigt bei Magnetfeldamplituden von $|R_{MHD} = 0.005|$ nur geringfügige Veränderungen im oberen und unteren Bereich der Zelle, ähnlich dem links dargestellten Fall des homogenen vertikalen Magnetfeldes.

Um die Naturkonvektion, die wesentlich für den Aufbau der vertikalen Dichtestratifikation und die vertikal inhomogene Abscheidung verantwortlich ist, direkter zu beeinflussen, ist in Abb. 3.25 rechts eine weitere Magnetfeldkonfiguration skizziert, welche eine hauptsächlich vertikale MHD-Konvektion erzeugt. Das Magnetfeld ist hier horizontal und elektrodenparallel orientiert und besitzt einen konstanten Gradienten zwischen den Elektroden:

$$\mathbf{B} = 2B_0 \left(\frac{y}{L} - \frac{1}{2} \right) \mathbf{e}_x = B_x(y)\mathbf{e}_x \,. \tag{3.14}$$

Unter der Annahme einer näherungsweise zweidimensionalen Stromdichte $\mathbf{j}_{2D} = j_y\mathbf{e}_y + j_z\mathbf{e}_z$ erhält man eine Lorentzkraft, die nur in der (y, z)-Ebene wirkt:

$$\mathbf{f}_L = B_x(y)j_z\mathbf{e}_y - B_x(y)j_y\mathbf{e}_z \tag{3.15}$$

Die Dominanz der elektrodennormalen Komponente der Stromdichte ($|j_y| \gg |j_z|$) führt zu einer hauptsächlich vertikal orientierten Lorentzkraft. Diese ist in der Nähe beider Elektroden betragsmäßig maximal, jedoch jeweils entgegengesetzt orientiert. Für den Rotationsanteil der Lorentzkraft 3.15 erhält man unter Ausnutzung von $\nabla \cdot \mathbf{j}_{2D} = 0$

$$\nabla \times \mathbf{f}_L = -j_y \partial_y B_x(y)\mathbf{e}_x \,. \tag{3.16}$$

Somit spielen etwaige vertikale Anteile der Stromdichte im Rotationsanteil der Lorentzkraft keine Rolle mehr. In Abhängigkeit vom Vorzeichen des Gradienten b des Magnetfeldes

$$b = \partial_y B_x(y) = \frac{2B_0}{L} \tag{3.17}$$

wird so eine hauptsächlich zweidimensionale MHD-Konvektion erzeugt, die entgegen dem oder im Uhrzeigersinn orientiert ist und damit in Elekrodennähe die Naturkonvektion unterstützt oder bremst. Erstmalig wurden solche gegen die Auftriebsströmung orientierten Lorentzkräfte in Experimenten zur Kupferelektrolyse in Yang u. a. (2008c) untersucht. Abb. 3.27 zeigt links für die hier durchgeführten stationären Simulationen bei $R_{MHD} = \pm 0.005$ den horizontalen Verlauf von vertikaler Geschwindigkeitskomponente (links) und Cu^{2+}-Konzentration (rechts) in Zellmitte im inhomogenen horizontalen Magnetfeld $B_x(y)$. Man erkennt, dass in der stationären Lösung unabhängig von der Orientierung des Magnetfeldes die MHD-Konvektion im Zellinnern nahezu vollständig verschwunden ist. Dieses Ergebnis stimmt qualitativ gut mit den experimentellen Beobachtungen (Yang u. a. 2008b, c) überein, in denen von einem deutlichen Abklingen der MHD-Konvektion im Zeitverlauf im Fall einer gegen den Auftrieb orientierten Lorentzkraft berichtet wird. In den hier vorliegenden Simulationsergebnissen sieht man weiter, dass lediglich an den von der Naturkonvektion verursachten Geschwindigkeitsprofilen in Elektrodennähe ein kleiner Beitrag verbleibt, der sich je nach Orientierung des Magnetfeldes zur Auftriebsgeschwindigkeit addiert oder subtrahiert. Dieser Beitrag führt bereits zu einer Modifikation des Konzentrationsprofils im Zellinnern, wie aus Abb. 3.27 rechts zu erkennen ist. Im Fall der Unterstützung der Naturkonvektion durch die Lorentzkraft erkennt man so ebenfalls eine entsprechende Verringerung der Dicke der Konzentrationsgrenzschicht in Elektrodenmitte.

Abb. 3.28 zeigt links den vertikalen Verlauf der Cu^{2+}-Konzentration in Zellmitte. Während die gegen die Auftriebsrichtung orientierte Lorentzkraft zu einer Zunahme der vertikalen

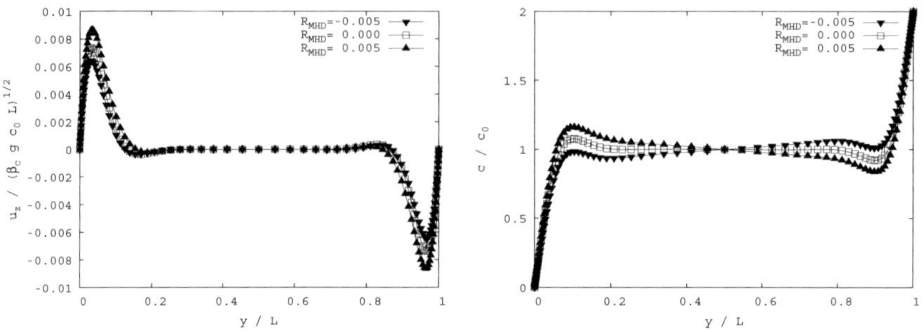

Abbildung 3.27: Horizontaler Verlauf von vertikaler Geschwindigkeitskomponente (links) und Konzentration (rechts) in Zellmitte im inhomogenen horizontalen Magnetfeld $B_x(y)$.

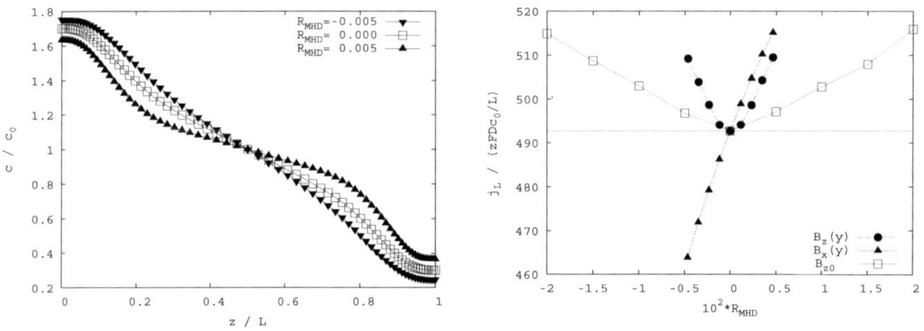

Abbildung 3.28: Links: Vertikaler Verlauf der Konzentration in Zellmitte im inhomogenen horizontalen Magnetfeld $B_x(y)$. Rechts: Grenzstrom der Zelle in Abhängigkeit von R_{MHD} in verschiedenen Magnetfeldkonfigurationen (B_{z0} bezeichnet vertikal orientierte homogene Magnetfelder).

Stratifikation führt, kann eine in Auftriebsrichtung orientierte Lorentzkraft die Stratifikation deutlich reduzieren. Abb. 3.28 zeigt rechts schließlich die Grenzstromdichte der Elektrolysezelle in Abhängigkeit von der Amplitude des Magnetfeldes R_{MHD} für die beiden untersuchten Konfigurationen inhomogener Magnetfelder. Zum Vergleich ist das Ergebnis aus Abb. 3.11 für homogene Magnetfelder vertikaler Orientierung hinzugefügt. Man erkennt, dass die beiden untersuchten inhomogenen Magnetfeldkonfigurationen zu einer stärkeren Beeinflussung der Grenzstromdichte führen als ein homogenes Magnetfeld vertikaler Orientierung. Im Fall der horizontal zirkulierenden MHD-Konvektion $B_z(y)$ ist die Grenzstromänderung von der Drehrichtung der Konvektion nahezu unabhängig. Die stärkste Beeinflussung des Grenzstromes erreicht man durch die vertikal zirkulierende MHD-Konvektion $B_x(y)$. Hier führen den Auftrieb unterstützende Magnetfelder zu einer deutlichen Zunahme der Grenzstromdichte, während entgegengesetzt orientierte Magnetfelder zu einer entsprechenden Abnahme führen.

Zusammenfassend erweisen sich den Auftrieb unterstützende Lorentzkräfte als am aussichtsreichsten, um durch das Anregen einer globalen Konvektion in der Zelle eine Durchmischung des Elektrolyten zu erzielen und somit einerseits die Grenzstromdichte zu erhöhen und andererseits die Gleichmäßigkeit der Abscheidung zu verbessern. Natürlich muss einschränkend bemerkt werden, dass die diesen Aussagen zugrunde liegenden Untersuchungen bei Werten der charakteristischen Parameter Ra und R_{MHD} gewonnen wurden, die kleiner sind als die entsprechender Experimente (siehe z.B. Yang u. a. (2008c)). Weiterhin konnten transiente Effekte während der Elektrolyse noch nicht ausgewertet werden, da die bisherigen Untersuchungen auf stationäre Simulationen beschränkt waren, die den Zustand in der Elektrolysezelle nach mehreren Minuten beschreibt. Aus diesem Grund werden die Untersuchungen in den folgenden Abschnitten auf transiente Simulationen erweitert, um die Ergebnisse mit durchgeführten Experimenten anderer Autoren zu vergleichen.

3.2.2 Transiente Simulationen

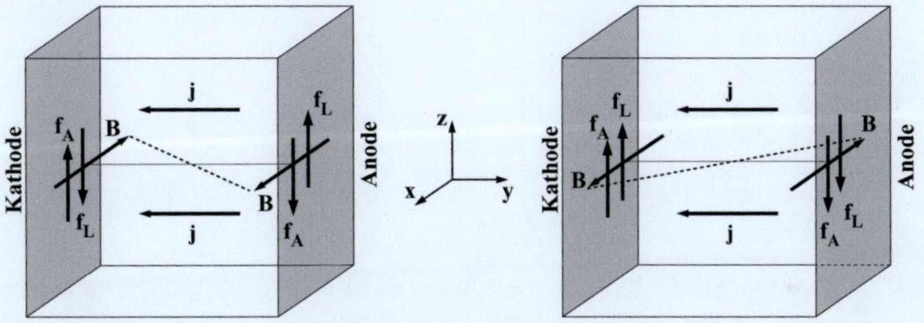

Abbildung 3.29: Skizze der Elektrolyse-Zelle mit zwei verschiedenen Konfigurationen des inhomogenen horizontalen Magnetfeldes. Links: gegen den Auftrieb orientierte Lorentzkraft. Rechts: den Auftrieb unterstützende Lorentzkraft.

In diesem Abschnitt werden transiente Simulationen von realen Kupferabscheide-Experimenten durchgeführt und die Ergebnisse der numerischen und der experimentellen Untersuchungen verglichen. Hierbei kommen die oben eingeführten horizontalen Magnetfelder mit konstantem Gradienten zwischen den Elektroden (siehe Gl. (3.14)) zur Anwendung. Eine solche Magnetfeldkonfiguration kann im Experiment näherungsweise durch die Überlagerung der Magnetfelder von vier Permanentmagneten erzeugt werden, für weitere Details sei z.B. auf Mühlenhoff u. a. (2012) verwiesen. Wie oben gezeigt, regt die resultierende Lorentzkraft (3.15) im gesamten Raum zwischen den Elektroden eine vertikal zirkulierende Konvektion in der Zelle an. Diese MHD-Strömung überlagert sich somit mit der der Naturkonvektion. Bedingt durch die unterschiedlichen Zeitkonstanten von Auftriebs- und MHD-Konvektion beim Anlaufen der Elektrolyse aus dem anfänglich stromfreien Zustand der Zelle können sich so auch interessante transiente Effekte für Konvektion und Stoffübergang ergeben. In Abhängigkeit vom Vorzeichen des Gradienten des Magnetfeldes $b = 2B_0/L$ aus Gleichung (3.17) sind hierbei zwei unterschiedliche Konfigurationen denkbar, die in Abb. 3.29 separat skizziert sind. Links wirkt die Lorentzkraft gegen die

Auftriebskraft, während sie rechts die Lorentzkraft unterstützt.
Tabelle 3.2 fasst zunächst im oberen Teil die experimentellen Gegebenheiten zusammen.

	System 1:	System 2:
Höhe [mm] x Tiefe [mm]	10 x 10	10 x 10
Elektrodenabstand [mm]	8.04	8.25
freie Oberfläche	nein	ja
$CuSO_4$-Konzentration c_1^0 [mol/l]	0.05	0.1
Zellstrom I_{Zelle} [mA]	1...6	2
Zellstromdichte j_{Zelle} [A/m^2]	10...60	20
Magnetfeldgradient b [T/m]	-31.134, -44	±20
Dichte ρ_0 [10^3 kg/m^3]	1.038	1.06
Temperatur T [10^3 [K]	293	293
kinemat. Viskosität ν [10^{-6} m^2/s]	1.001	1.002
Auftriebskoeffizient β_L [dm^3/mol]	0.165	0.165
Diff.-koeffz. D_1 [10^{-9}m^2/s]	0.65	0.564
Diff.-koeffz. D_2 [10^{-9}m^2/s]	1.009	1.004
anod. Transferkoeffz. α_a	1.5	1.5
kathod. Transferkoeffz. α_c	0.5	0.5
Kinetik-Exponent γ	0.42	0.42
Austauschstromdichte j_{00} [A/m^2]	7.76	10.4
Referenzexperiment	Mühlenhoff u. a. (2012)	Yang u. a. (2008a)

Tabelle 3.2: Geometrie-, Stoff-, Kinetik- und Magnetfeld-Daten der beiden untersuchten Elektrolysezellen zur Kupferabscheidung.

Betrachtet werden quaderförmige Elektrolysezellen mit vertikalen Wandelektroden der Größe 1 x 1 cm, deren Elektrodenabstand etwas geringer als die Zellhöhe ist. Der verwendete binäre Elektrolyt besteht aus $CuSO_4$ in wässriger Lösung, wobei in den folgenden Simulationen angenommen wird, dass das Kupfersalz im Elektrolyt vollständig in Cu^{2+}- und SO_4^{2-}-Ionen dissoziiert ist. In den erwähnten Vergleichsexperimenten wird der Elektrolyt aus praktischen Gründen mit Schwefelsäure auf einen pH-Wert von 3 angesäuert. In den numerischen Untersuchungen wird diese geringe Menge H_2SO_4 von etwa 0.5 mM vernachlässigt. Die Zellen werden galvanostatisch, d.h. bei konstanter Zellstromstärke I_{Zelle} betrieben, womit sich jeweils eine (mittlere) Zellstromdichte $j_{Zelle} = I_{Zelle}/A$ definieren lässt.

Bei den im Experiment gewählten Zellstromstärken findet die Elektrolyse im Gegensatz zu den bisherigen Untersuchungen ladungskontrolliert statt, was für die Simulationen bedeutet, dass das in Abschnitt 2.3.1 eingeführte allgemeine Modell mit einer entsprechenden Butler-Volmer-Randbedingung an den Elektroden zur Anwendung kommt. Bei der Auswahl der Material- und Kinetikparameter konnte auf umfangreiche Vorstudien von Koschichow (2010) zurückgegriffen werden. Die in den Simulationen verwendeten Parameter sind im unteren Bereich von Tabelle 3.2 angegeben. Hierbei beziehen sich die Kinetikparameter auf die Gleichungen (2.100)-(2.104) in Abschnitt 2.3.1.

Zur Realisierung der Abscheidung bei konstanter Zellstromstärke I_{Zelle} wurde das numerische Modell um eine Nebenbedingung erweitert:

$$I_{Zelle}^{soll} = \int_{Kathode} j \, dA \tag{3.18}$$

Diese bewirkt, dass in jedem Zeitschritt die Zellspannung $U_A - U_C$ so angepasst wird, dass sich die geforderte Zellstromstärke an der Kathode einstellt.
Wie oben in Gl. (3.15) gezeigt wurde, erzeugt eine näherungsweise als zweidimensional anzunehmende Stromdichte in der hier betrachteten Magnetfeldkonfiguration nur Lorentzkräfte in dieser Ebene. Der Strömungsantrieb erfolgt durch den Rotationsanteil dieser Kraft (siehe Gl. (3.16)) und ist durch die Hauptkomponente der Stromdichte und den Gradienten des Magnetfeldes bestimmt. Im Gegensatz zu den vorherigen Untersuchungen mit homogenen Magnetfeldern kann man sich daher in der hier vorliegenden Konfiguration auf zweidimensionale numerische Simulationen in der vertikalen Ebene zwischen den Elektroden beschränken. Bedingt durch die geringe Zellhöhe in den oben beschriebenen Konfigurationen der Experimente ergeben sich nur moderate Werte der dimensionslosen Parameter, die einer 2D-Behandlung nicht widersprechen. So erhält man beispielsweise für „System 1“ bei maximaler Zellstromdichte $j_{Zelle} = 60\,\mathrm{A/m^2}$ und einem Magnetfeldgradienten von $b = 33\,\mathrm{T/m}$

$$Ra = \frac{\beta_L g c_1^0 L^3}{D_1 \nu} = 6.3 \cdot 10^7, \quad Sc = \frac{\nu}{D_1} = 1540, \quad R_{MHD} = \frac{j_{Zelle} B_0}{\rho_0 g \beta_L c_1^0} = 0.12 \tag{3.19}$$

Vorausgegangene, von D. Koschichow ausgeführte zweidimensionale Simulationen für das Anlaufverhalten der Elektrolyse ohne Magnetfeld für das „System 2“ aus Tabelle 3.2 ergaben ebenfalls eine gute Übereinstimmung mit den experimentellen Resultaten aus Yang u. a. (2008a). Für weitere Details hierzu sei auf Koschichow (2010) und Koschichow u. a. (2012) verwiesen.
Die numerischen Simulationen wurden mit dem kommerziellen Finite-Elemente-Paket COMSOL-V.3.5a ausgeführt (COMSOL Inc. 2012). Ausgehend von den Validierungsstudien in Koschichow (2010) zur Kupferelektrolyse ohne Magnetfeld wurden entsprechende unstrukturierte Gitter aus ca. 10^5 Dreieckselementen 2. Ordnung erstellt, die gegenüber den dort ausgeführten Studien weiter verfeinert wurden, um der Wirkung der Lorentzkraft Rechnung zu tragen. An den Wänden und insbesondere an den Elektroden kamen so Zellgrößen von $3\,\mu$m an der Kathode und von maximal $10\,\mu$m an den passiven Wänden zur Anwendung. Somit ergab sich ein zu lösendes Gesamtsystem mit ca. 10^6 Freiheitsgraden. Zur Zeitintegration kam ein in implizites Mehrschrittverfahren höherer Ordnung mit fehlerbasierter Schrittweitensteuerung zur Anwendung, das sich bei vorangegangenen Rechnungen zum Anlaufverhalten von Elektrolysevorgängen bereits bewährt hatte. Die Anfangszeitschrittweite betrug 10^{-7} s. Für weitere Details sei hier auf Koschichow (2010) verwiesen.
Abschließend soll noch erwähnt werden, dass magnetische Gradientenkräfte (siehe Formel (2.77)) in den hier betrachteten Magnetfeldkonfigurationen keine Rolle spielen, da der Vektor des magnetischen Feldes und dessen Gradient senkrecht aufeinander stehen.

3.2.3 Den Auftrieb unterstützende Lorentzkraft

Die folgenden Untersuchungen beziehen sich auf das System 1 der in Tabelle 3.2 beschriebenen Elektrolysezelle zur Kupferabscheidung. Für detaillierte numerische Studien zum Anlaufverhalten der Kupferelektrolyse ohne Magnetfeldeinfluss sei hier lediglich auf Koschichow (2010) verwiesen. Das Einschalten des Stromes in der Zelle erzeugt über die konstant gehaltene Stromdichte im galvanostatischen Regime im Zusammenspiel mit dem Magnetfeld eine unmittelbare Beschleunigung des Elektrolyten in vertikaler Richtung. Diese ist aufgrund der speziellen Magnetfeldkonfiguration an der Kathode nach oben und an der Anode nach unten gerichtet, wodurch eine Zirkulation des Elektrolyten im Uhrzeigersinn entsteht. Gleichzeitig ist der Stromfluss mit entsprechendem Massenumsatz an den Elektroden verbunden. Dadurch entstehen Dichteunterschiede in der sich entwickelnden Konzentrationsgrenzschicht des Elektrolyten, die zunächst zu immer stärker werdenden Auftriebskräften und damit zum Anlaufen der Naturkonvektion im Zeitverlauf führen. Die Naturkonvektion unterstützt somit die Zirkulation des Elektrolyten im Uhrzeigersinn. Allerdings ist im Gegensatz zur Lorentzkraft der Strömungsantrieb durch die Auftriebskräfte auf die elektrodennahen Konzentrationsgrenzschichten beschränkt und setzt zeitverzögert ein. Abb. 3.30 zeigt rechts für den Fall einer mittleren Stromdichte von 20 $\mathrm{A/m^2}$ ($I_{Zelle} = 2\,\mathrm{mA}$) Konturen der Geschwindigkeit zu verschiedenen Zeiten τ, welche mit Geschwindigkeitsvektoren überlagert sind, die mit der jeweiligen Maximalgeschwindigkeit normiert wurden. Wie aus diesen Bildern ersichtlich ist, klingt die zirkulare Konvektion im Zeitverlauf ab. Dabei ist die angegebene dimensionslose Zeit τ mit dem Zeitpunkt maximaler kinetischer Energie in der Zelle t_{vmax} entdimensionalisiert (siehe unten und Abb. 3.32 rechts):

$$\tau(j_{Zelle}) = \frac{t}{t_{vmax}}. \tag{3.20}$$

Bei der hier betrachteten mittleren Stromdichte von $j_{Zelle} = 20\,\mathrm{A/m^2}$ wird $\tau = 1$ nach einer Zeit von $t = 31\,\mathrm{s}$ erreicht, bei der die Maximalgeschwindigkeit in der Zelle etwa $1.6\,\mathrm{mm/s}$ beträgt. In Abb. 3.30 sind neben den rechts dargestellten eigenen numerischen Ergebnissen auf der linken Seite zum Vergleich entsprechende experimentelle Ergebnisse von S. Mühlenhoff abgebildet, die mittels PIV-Messungen in der Mittelebene der Zelle gewonnen wurden (Mühlenhoff u. a. 2012). Man erkennt eine gute Übereinstimmung zwischen Numerik und Experiment, wobei in den unteren beiden Bildern bei $\tau = 10$ erkennbar wird, dass die Konvektion im Experiment etwas schneller abklingt als in der Simulation. Die verbleibende Zirkulationsbewegung hat nun die Gestalt einer gegen den Uhrzeigersinn geneigten Ellipse. Die Ursache hierfür liegt in der MHD-Konvektion, die am äußeren Rand des Hauptwirbels Teile der horizontalen Intrusionsschichten mitzuführen versucht. Diese können jedoch der sich in Elektrodennähe anschließenden Vertikalbewegung nicht folgen, da die Auftriebskräfte ihrem Weitertransport entgegenstehen. Hierdurch sinkt schwerer Elektrolyt im Bodenbereich der Kathode wieder ab, wobei gleichzeitig direkt an der Kathode eine Aufwärtsbewegung von leichtem Elektrolyten stattfindet. Das Resultat ist ein Rezirkulationsgebiet mit einer Doppelwirbelstruktur in Bodennähe an der Kathode. Im oberen Bereich der Anode entsteht analog ein zweites Rezirkulationsgebiet, womit summarisch die elliptische Struktur des Hauptwirbels der MHD-Konvektion resultiert (siehe Mühlenhoff u. a. (2012)). Abbildung 3.31 zeigt wieder im Vergleich von Experiment und

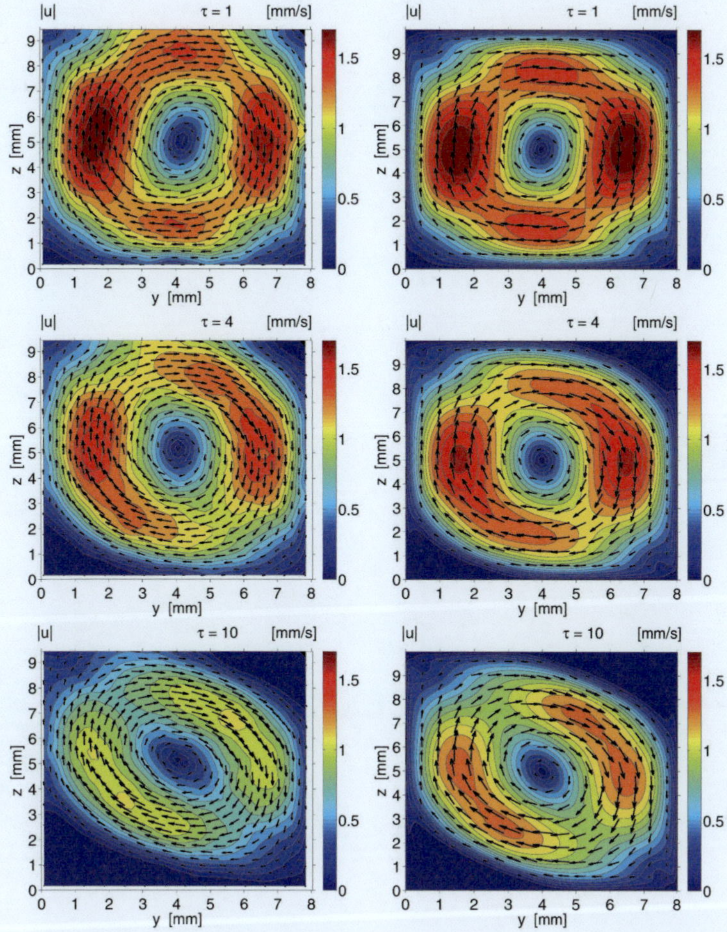

Abbildung 3.30: Konturdarstellung der Geschwindigkeit und der mit der jeweiligen Maximalgeschwindigkeit normierten Geschwindigkeitsvektoren zu verschiedenen Zeiten τ. Links - Experiment, Rechts - Numerik (aus Mühlenhoff u. a. (2012)). $j_{Zelle} = 20\,\mathrm{A/m^2}$.

numerischer Simulation Konturen der Änderung der Konzentration der Cu^{2+}-Ionen

$$\Delta c = c_1 - c_1^0 \tag{3.21}$$

zu verschiedenen dimensionslosen Zeiten τ bei $j_{Zelle} = 20\,\mathrm{A/m^2}$. In den von S. Mühlenhoff durchgeführten Experimenten wird hierbei die Konzentration der Kupferionen aus interferometrischen Messungen gewonnen, bei denen die integrale Änderung des Brechungsindex über die Zelltiefe z bestimmt wird (Mühlenhoff u. a. 2012). In den oberen Bildern bei $\tau = 1$ erkennt man gut die Bildung der Intrusionsschichten, die sich am Boden und

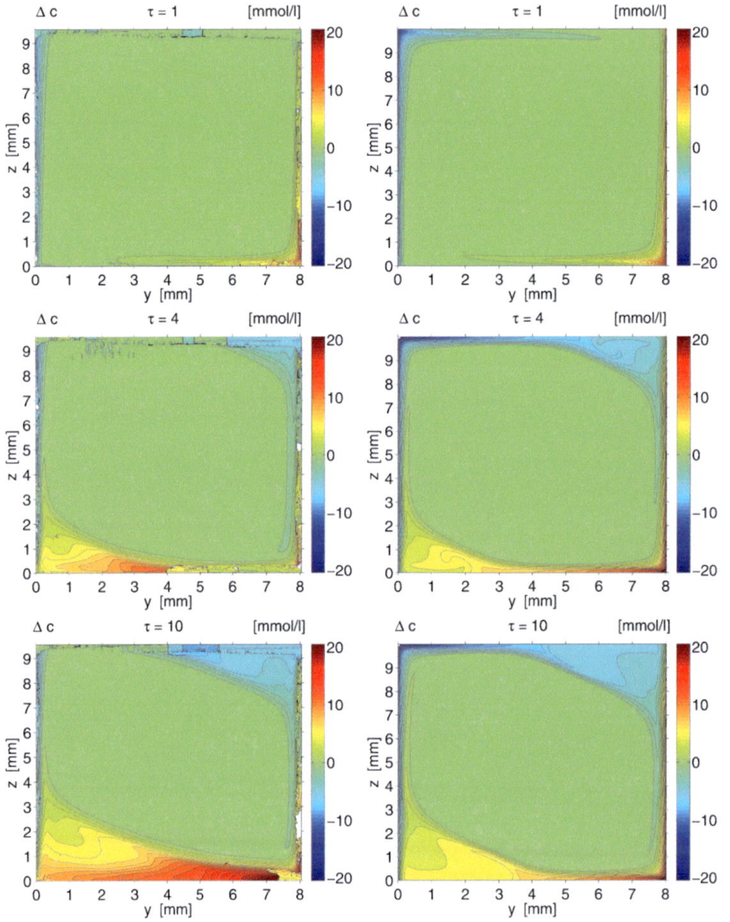

Abbildung 3.31: Konturdarstellung der Konzentrationsänderung Δc zu verschiedenen Zeiten τ. Links - Experiment, Rechts - Numerik (aus Mühlenhoff u. a. (2012)).

am Deckel der Zelle durch die vorherrschende Konvektion im Uhrzeigersinn in Richtung der Gegenelektrode bewegen. Bei $\tau = 4$ haben diese bereits die Gegenelektrode erreicht. Die durch die MHD-Konvektion verursachte Zirkulation hebt im Bodenbereich der Kathode Cu^{2+}-reichen und damit schweren Elektrolyten weiter an, ist jedoch wie bereits erwähnt nicht stark genug, um diesen ganz nach oben zu advektieren. In der gegenüberliegenden Ecke im oberen Bereich der Anode passieren analoge Effekte mit dem leichten Elektrolyten. Hierdurch entstehen die bereits erwähnten Rezirkulationsgebiete in den beiden gegenüberliegenden Ecken der Zelle und erklären so die oben erwähnte Ausbildung eines gegen den Uhrzeigersinn gedrehten Hauptwirbels elliptischer Gestalt. Bei $\tau = 10$ hat sich durch das Abklingen der MHD-Konvektion die Größe des Hauptwirbels weiter verringert. Zwischen Numerik und experimentellen Resultaten ist eine gute Übereinstimmung hinsichtlich der Konzentrationsverteilung vorhanden, lediglich in den Randbereichen sind die numerischen Konzentrationsänderungen deutlicher ausgeprägt. Abb. 3.32 zeigt links

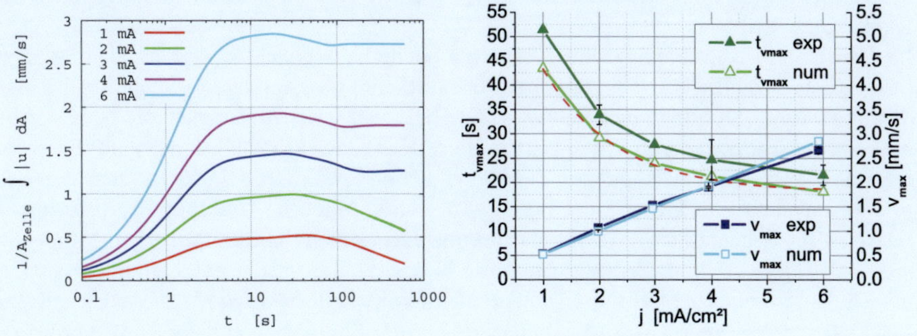

Abbildung 3.32: Links: Über die Zellfläche gemittelte Geschwindigkeit im Zeitverlauf (logarithmisch) für verschiedene Zellströme. Numerisches Resultat. Rechts: Zeit t_{vmax} und entsprechende Maximalgeschwindigkeit v_{max} als Funktion der mittleren Zellstromdichte. Numerische (leere Symbole) und experimentelle (volle Symbole) Resultate aus Mühlenhoff u. a. (2012).

numerische Ergebnisse des zeitlichen Verlaufs der über die Zelle gemittelten Geschwindigkeit

$$\bar{u} = \frac{1}{A_{Zelle}} \int |\mathbf{u}|\, dA \tag{3.22}$$

bei verschiedenen Zellströmen. Nach anfangs schnellem Ansteigen sinkt die mittlere Geschwindigkeit nach Durchlaufen eines Maximalwertes v_{max} zur Zeit t_{vmax} für alle Stromstärken zunächst langsam wieder ab. Wie in Abb. 3.32 rechts dargestellt ist, nimmt die gemittelte Maximalgeschwindigkeit v_{max} linear mit der Zellstromstärke zu (aufgetragen ist hier die mittlere Zellstromdichte j_{Zelle}). Die Zeit bis zum Erreichen dieser Maximalgeschwindigkeit kann mit einem exponentiellen Gesetz angepasst werden (Mühlenhoff u. a. 2012):

$$t_{vmax} = A_1 \left(1 - exp\left(-\frac{I_{Zelle}}{T_1}\right)\right) + t_{vmax,0} \tag{3.23}$$

mit $A_1 = -53.8\,\mathrm{s}$, $T_1 = 1.32\,\mathrm{A/cm^2}$ und $t_{vmax,0} = 71.8\,\mathrm{s}$. Hierbei bezieht sich dieser Fit auf die numerischen Werte in Abb. 3.32 rechts und ist mit der rot gestrichelten Linie dargestellt. Die experimentellen Werte genügen einem ähnlichen Zusammenhang, aus welchem bei gleicher Stromstärke um etwa 12 % höhere Werte für t_{vmax} resultieren. Die Zeit t_{vmax} bei gegebener Zellstromstärke wird wie bereits oben erwähnt mit τ bezeichnet. Bei $I_{Zelle} = 2\,\mathrm{mA}$ entspricht $\tau = 1$ etwa 31 s.

Aus Abb. 3.32 links erkennt man weiter, dass bei größer werdender Zellstromstärke ab $I_{Zelle} = 3\,\mathrm{mA}$ die mittlere Zellgeschwindigkeit nicht mehr im Zeitverlauf abklingt, sondern ab etwa 500 s einen nahezu konstanten Wert annimmt. Diese Geschwindigkeit nähert sich mit wachsender Zellstromstärke dem Wert der gemittelten Maximalgeschwindigkeit v_{max} an, d.h. das temporär leichte Abklingen der mittleren Zellgeschwindigkeit bis zum Erreichen des zeitlich konstanten Wertes wird schwächer. Analog wurde beobachtet, dass eine

Verringerung des Gradienten des Magnetfeldes auf 60 % des Nominalwertes bei einer Zellstromstärke von $I_{Zelle} = 6\,\mathrm{mA}$ wieder zu einem Abklingen der MHD-Konvektion führt, während eine Erhöhung des Gradienten des Magnetfeldes auf einen Wert von $b = -44\,\mathrm{T/m}$ bereits bei einer Zellstromstärke von $I_{Zelle} = 2\,\mathrm{mA}$ eine nicht mehr abklingende MHD-Konvektion ergibt.

Im Experiment konnte ein solches Verhalten ebenfalls beobachtet werden, allerdings erst bei etwas höheren Zellstromstärken bzw. bei stärkeren Gradienten des Magnetfeldes als in der Simulation. So klingt hier beispielsweise bei einer Zellstromstärke von $I_{Zelle} = 6\,\mathrm{mA}$ und einem Gradienten von $b = -44\,\mathrm{T/m}$ die MHD-Konvektion nicht mehr ab. Diese Unterschiede korrespondieren gut mit dem bereits oben erwähnten schnelleren Abklingen der MHD-Konvektion im Experiment bei $I_{Zelle} = 2\,\mathrm{mA}$. Mögliche Ursachen für diese quantitativen Unterschiede zwischen Simulation und Experiment sind detailliert in Mühlenhoff u. a. (2012) beschrieben. Bedingt durch die Magnetkonfiguration im Experiment ist (verursacht durch einen Abfall des Gradientenfeldes am Zellrand) die effektiv wirkende Lorentzkraft etwas kleiner als in der Simulation. Die 2D-Simulation andererseits ignoriert den im Experiment durchaus wirkenden Reibungseinfluss der Seitenwände der Quaderzelle.

Abb. 3.33 zeigt links einen Vergleich der numerischen und experimentellen Resultate

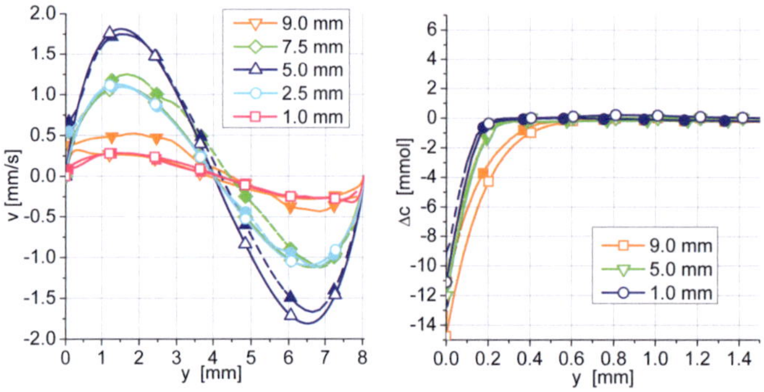

Abbildung 3.33: Numerische (leere Symbole) und experimentelle (volle Symbole) Resultate aus Mühlenhoff u. a. (2012). Links: Verlauf der vertikalen Geschwindigkeit zwischen den Elektroden in verschiedenen Zellhöhen z bei $\tau = 1$. Rechts: Horizontaler Verlauf der Konzentrationsänderung Δc in Kathodennähe in verschiedenen Zellhöhen z bei $\tau = 1$.

für den Verlauf der vertikalen Geschwindigkeit zwischen den Elektroden in verschiedenen Zellhöhen z bei $\tau = 1$. Deutlich ist zu diesem Zeitpunkt die vertikale MHD-Konvektion zu erkennen, die sich über den gesamten Zellbereich erstreckt. In Zellmitte bei $z = 5\,\mathrm{mm}$ erkennt man eine fast ideale Übereinstimmung der sinusförmigen Geschwindigkeitsprofile, wobei die numerisch ermittelte Maximalgeschwindigkeit im oberen Zellbereich etwa um 10% den experimentellen Maximalwert übersteigt. Mit dem Abklingen der MHD-Konvektion im Zeitverlauf nehmen trotz qualitativer Übereinstimmung die relativen Abweichungen in den Geschwindigkeitsverläufen zu, für eine detaillierte Diskussion sei auf Mühlenhoff u. a. (2012) verwiesen.

Auf der rechten Seite ist ebenfalls im Vergleich von Numerik und Experiment der horizon-

tale Verlauf der Konzentrationsänderung Δc in Kathodennähe in verschiedenen Zellhöhen z bei $\tau = 1$ dargestellt. Wie man erkennt, gibt es zu diesem Zeitpunkt im Zellinnern noch keine merklichen Konzentrationsunterschiede. Lediglich an der Elektrode erkennt man eine mit der Höhe zunehmende Dicke der Konzentrationsgrenzschicht, die von der Numerik und dem Experiment gut widergespiegelt wird.
In Abb. 3.34 ist der vertikale Verlauf der relativen Änderung der Stromdichte $\Delta j/j_{Zelle}$

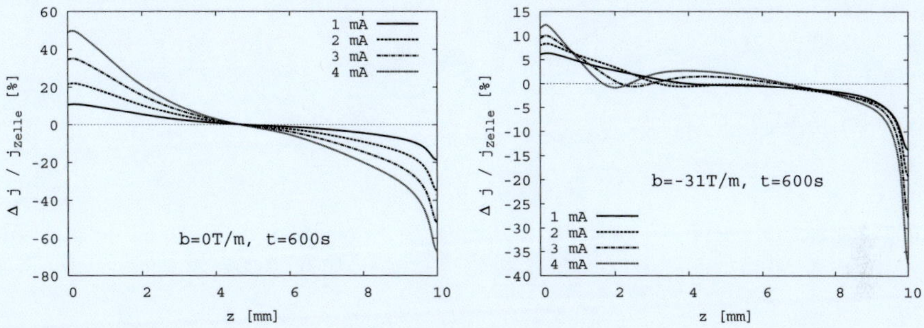

Abbildung 3.34: Vertikaler Verlauf der relativen Änderung der Stromdichte $\Delta j/j_{Zelle}$ an der Kathode bei verschiedenen Zellströmen I_{Zelle} ohne (links) und mit (rechts) Magnetfeld. Man beachte die unterschiedlichen Skalen an der Ordinate.

an der Kathode bei verschiedenen Zellstromstärken I_{Zelle} zum Zeitpunkt $t = 600\,\mathrm{s}$ dargestellt. Im linken Bild wird zunächst der Fall ohne Magnetfeld betrachtet. Man erkennt deutlich, dass mit wachsender Zellstromstärke die Inhomogenität der Abscheidung zunimmt. Dabei ist die Stromdichte im unteren Bereich der Zelle größer als ihr Mittelwert. Im oberen Bereich der Kathode sind die Abweichungen vergleichsweise noch größer, wobei hier die Stromdichte geringer als ihr Mittelwert ist. Direkt am Deckel findet man die kleinste Stromdichte.
Auf der rechten Seite der Abbildung sind die Stromdichteänderungen an der Kathode unter der Wirkung eines den Auftrieb unterstützenden Magnetfeldes mit einem Gradienten von $b = -31\,\mathrm{T/m}$ dargestellt. Wie man im Vergleich mit dem linken Bild erkennt, wird durch die Wirkung des Magnetfeldes für alle hier untersuchten Zellstromstärken eine Reduzierung der Inhomogenität der Stromdichteverteilung erreicht. Jedoch nimmt auch hier, wie im Fall ohne Magnetfeld, die Inhomogenität der Stromdichteverteilung mit ansteigender Zellstromstärke zu. Weiterhin erkennt man für Zellstromstärken ab $I_{Zelle} = 3\,\mathrm{mA}$ die Ausbildung eines Minimums im unteren Elektrodenbereich, dessen Lage sich mit wachsender Zellstromstärke in Richtung Zellboden verschiebt. Dieser Effekt ist vermutlich mit dem Ausbilden einer im Zeitverlauf nicht mehr abklingenden MHD-Konvektion bei großen Zellstromstärken verknüpft (siehe Abb. 3.32 links). Hierdurch existiert zum betrachteten Zeitpunkt bei $t = 600\,\mathrm{s}$ eine starke MHD-Konvektion, die über die erwähnte Rezirkulation in der unteren Zellecke an der Kathode die Inhomogenität in der Stromdichte verursacht. Bei weiterer Vergrößerung der Zellstromstärke wird die Größe des Rezirkulationsgebietes zwar eingeschränkt, jedoch erhöht sich auch die Inhomogenität der Stromdichte. Am oberen Bereich der Kathode sinkt die Zellstromstärke durch die Verarmung des binären Elektrolyten ebenfalls stark.

Abb. 3.35 zeigt links bei einer Zellstromstärke von $I_{Zelle} = 1\,\mathrm{mA}$ zu zwei verschiede-

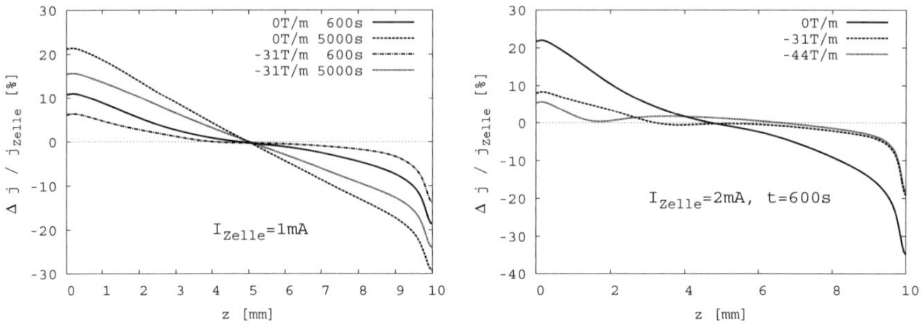

Abbildung 3.35: Vergleich der relativen Änderung der Stromdichte $\Delta j/j_{Zelle}$ an der Kathode bei $I_{Zelle} = 1\,\mathrm{mA}$ (links) und bei $I_{Zelle} = 2\,\mathrm{mA}$ (rechts) in verschiedenen Magnetfeldkonfigurationen (siehe Text).

nen Zeitpunkten die relative Änderung der Stromdichte $\Delta j/j_{Zelle}$ an der Kathode. Bei $t = 600\,\mathrm{s}$ beträgt im Fall ohne Magnetfeld die Inhomogenität etwa 18 % und tritt am oberen Ende der Kathode auf, wo der binäre Elektrolyt stark verarmt ist. Durch den Einsatz des den Auftrieb unterstützenden Magnetfeldes kann dieser Wert auf etwa 14 % verringert werden. Natürlich ist zu diesem Zeitpunkt die MHD-Konvektion noch nicht vollständig abgeklungen, und auch die vertikale Dichtestratifikation ist noch nicht vollständig ausgebildet. Zum Vergleich ist daher die Situation bei $t = 5000\,\mathrm{s}$ ebenfalls dargestellt. Hier ist die maximale relative Änderung der Stromdichte erwartungsgemäß größer und beträgt etwa 29 %, kann jedoch durch das Magnetfeld auf etwa 24 % reduziert werden.

In Abb. 3.35 ist rechts die Situation bei einer Zellstromstärke von $I_{Zelle} = 2\,\mathrm{mA}$ zu einem Zeitpunkt $t = 600\,\mathrm{s}$ dargestellt. Ein den Auftrieb unterstützendes Magnetfeld mit einem Gradienten von $-31\,\mathrm{T/m}$ reduziert die Inhomogenität hier von 35 % auf 19 %. Die weitere Erhöhung des Gradienten des Magnetfeldes auf einen Wert von $-44\,\mathrm{T/m}$ führt wie oben erwähnt zu einer im Zeitverlauf nicht abklingenden MHD-Konvektion. In diesem Fall reduziert sich zwar die Inhomogenität am Boden der Kathode weiter, jedoch tritt wie bereits oben erwähnt ein lokales Minimum im unteren Bereich auf, das seine Ursache in der entsprechend stärkeren Rezirkulation hat. Im Bereich des Deckels hat dagegen der stärkere Magnetfeldgradient fast keinen Einfluss auf die Inhomogenität der Stromstärke, die hier ihren Maximalwert von etwa 19 % besitzt.

Abb. 3.36 zeigt die hierzu gehörenden Konturen der Cu^{2+}-Konzentration zum Zeitpunkt $t = 600\,\mathrm{s}$ für die genannten drei Magnetfeldkonfigurationen sowie die Vektoren der Geschwindigkeit, die auf die jeweilige Maximalgeschwindigkeit normiert sind. Im Fall ohne Magnetfeld ist die vertikale Stratifikation bereits deutlich ausgeprägt und die Auftriebskonvektion auf die wandnahen Gebiete beschränkt. Im mittleren Fall $b = -31\,\mathrm{T/m}$ hat der MHD-Wirbel bereits elliptische Gestalt angenommen und ist gegen den Uhrzeigersinn geneigt. An den Konzentrationsveränderungen in den diagonal gegenüberliegenden Ecken kann man die stattfindende Rezirkulationsbewegung erahnen, deren Geschwindigkeit viel kleiner als die Maximalgeschwindigkeit des MHD-Wirbels ist. Im rechten Bild bei $b = -44\,\mathrm{T/m}$ füllt der MHD-Wirbel im Gegensatz dazu die Zelle fast vollständig aus.

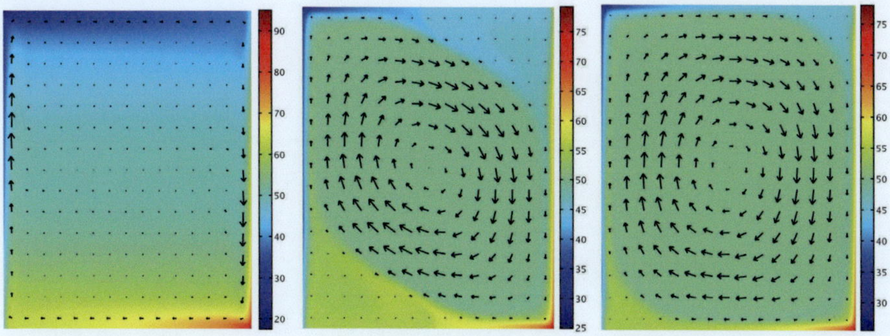

Abbildung 3.36: Konturdarstellung der Cu^{2+}-Konzentration und Vektoren der jeweils normierten Geschwindigkeit zum Zeitpunkt $t = 600\,\mathrm{s}$ ohne Magnetfeld (links), mit $b = -31\,\mathrm{T/m}$ (Mitte) und mit $b = -44\,\mathrm{T/m}$ (rechts) bei einer Zellströmstärke von $I_{Zelle} = 2\,\mathrm{mA}$.

Nur kleine Bereiche am Boden nahe der Kathode und am Deckel nahe der Anode,in denen ebenfalls eine Rezirkulation vermutet wird, sind hiervon ausgeklammert.

Abb. 3.37 zeigt oben die horizontalen Verläufe von Cu^{2+}-Konzentration und vertikaler Geschwindigkeit u_z in der Mitte der Zelle. Die zeitlich nicht mehr abklingende MHD-Konvektion im Fall des starken Gradienten von $b = -44\,\mathrm{T/m}$ erreicht hier Maximalwerte von $2.5\,\mathrm{mm/s}$ und ist etwa 10-mal so groß wie die Maximalgeschwindigkeit der Naturkonvektion in Elektrodennähe im Fall ohne Magnetfeld. Der durch die MHD-Konvektion advektierte Teil der Intrusionsschicht ist im Konzentrationsprofil in Elektrodennähe sichtbar, wo jeweils ein kleines lokales Extremum auszumachen ist. In den unteren beiden Teilbildern sind entsprechende vertikale Verläufe in Zellmitte dargestellt. Für $b = -31\,\mathrm{T/m}$ ist in Zellmitte eine schwache Rezirkulation in Wandnähe sichtbar. Die im Fall ohne Magnetfeld vorhandene vertikale Dichtestratifikation wird durch die Wirkung beider Magnetfeldkonfigurationen im Mittelbereich der Zelle aufgehoben. Lediglich in den von der MHD-Konvektion ausgesparten Regionen am Boden und am Deckel der Zelle existieren noch Reste.

Im Folgenden schließen sich einige Betrachtungen an, um die Anteile von Lorentzkraft, Auftrieb und Dissipation an der Änderung der kinetischen Energie der Strömung im Zeitverlauf zu untersuchen. Durch Multiplikation der Navier-Stokes-Gleichung mit dem Geschwindigkeitsvektor und die anschließende Integration über die Fläche der Zelle in der zweidimensionalen Modellierung erhält man:

$$\frac{\partial}{\partial t}\int \frac{u^2}{2}\,dA = \frac{1}{\rho}\int (\mathbf{j}\times\mathbf{B})\mathbf{u}\,dA - g\beta\nu\int \Delta c\,v\,dA - \nu\int \omega^2\,dA \tag{3.24}$$

Hierbei spielen die in der Navier-Stokes Gleichung enthaltenen Druckkräfte im Fall einer Strömung eines inkompressiblen Fluides in einem abgeschlossenen Volumen keine Rolle und leisten keine Arbeit (siehe z.B. Davidson (1995)). Somit verbleiben drei Terme. Ein Zugewinn an kinetischer Energie des Systems erfolgt durch die Arbeit der Lorentzkraft und des Auftriebs, während die innere Reibung Energie dissipiert. Abb. 3.38 zeigt für

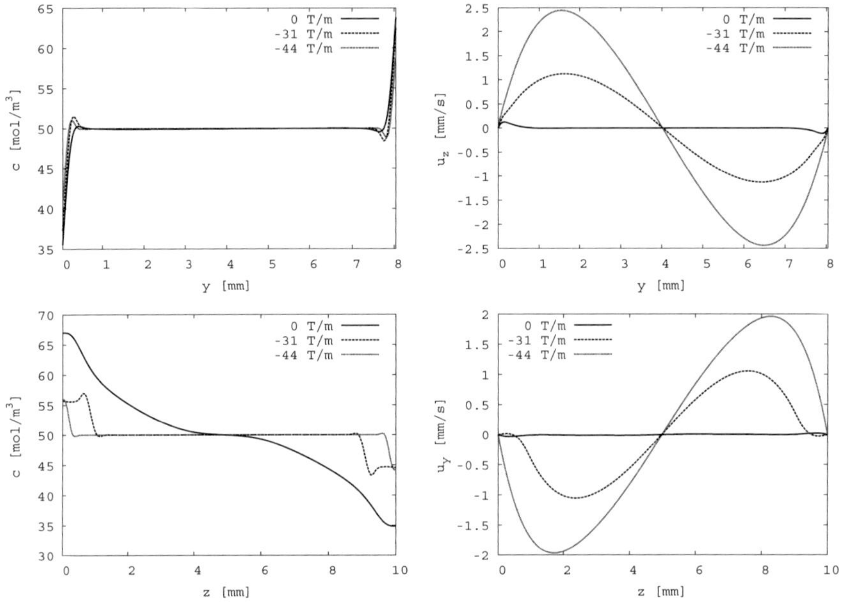

Abbildung 3.37: $I_{Zelle} = 2\,\mathrm{mA}$, $t = 600\,\mathrm{s}$. Oben: Horizontaler Verlauf von Cu^{2+}-Konzentration und vertikaler Geschwindigkeit u_z in Zellmitte. Unten: Vertikaler Verlauf von Cu^{2+}-Konzentration und horizontaler Geschwindigkeit u_y in Zellmitte.

einen Zellstrom von $I_{zell} = 2\,\mathrm{mA}$ und ein den Auftrieb unterstützendes Magnetfeld mit einem Gradienten von $b = -31\,\mathrm{T/m}$ die Konturen der Integranden der rechten Seite der Energiegleichung (3.24) zu zwei ausgewählten Zeitpunkten $\tau = 1$ und $\tau = 4$. Die von der Lorentzkraft geleistete Arbeit hat zwei vertikal orientierte elliptische Maxima zwischen den Elektroden, die hinsichtlich der Geschwindigkeitsmaxima leicht nach außen verschoben sind, wo der Betrag des Magnetfeldes größer ist. Bei $\tau = 4$ ($t \approx 124\,\mathrm{s}$) ist im Vergleich zu $\tau = 1$ ($t \approx 31\,s$) deutlich eine leichte Verzerrung der elliptischen Gestalt zu erkennen, welche die inzwischen veränderte Form des Hauptwirbels in der Zelle widerspiegelt (siehe Abb. 3.30). Die Auftriebskraft trägt hauptsächlich zum Energiewachstum bei, indem der Elektrolyt in den Konzentrationsgrenzschichten an den Elektroden vertikal beschleunigt wird. Bei $\tau = 4$ erkennt man weiter in den Randbereichen des Hauptwirbels der MHD-Konvektion schwach negative Beiträge der Auftriebskraft. Diese sind durch die zirkulare Advektion von Teilen der Intrusionsschichten mit dem Hauptwirbel verursacht. Deutliche Beiträge entstehen dort, wo schwerer Elektrolyt vom Zellboden angehoben bzw. leichter Elektrolyt vom Deckelbereich vertikal nach unten transportiert wird. Auch sind in diesem Bild die Rezirkulationsgebiete in den beiden diagonal gegenüberliegenden Ecken deutlich sichtbar. Maxima der Dissipation zu den beiden dargestellten Zeitpunkten findet man in einer schmalen wandnahen Region im mittleren Bereich der Elektroden. Bei $\tau = 1$ erkennt man weitere Gebiete stärkerer Dissipation am Boden und am Deckel der Zelle, die durch die Wandreibung verursacht werden, sowie im Zentrum des MHD-Wirbels. Bei $\tau = 4$

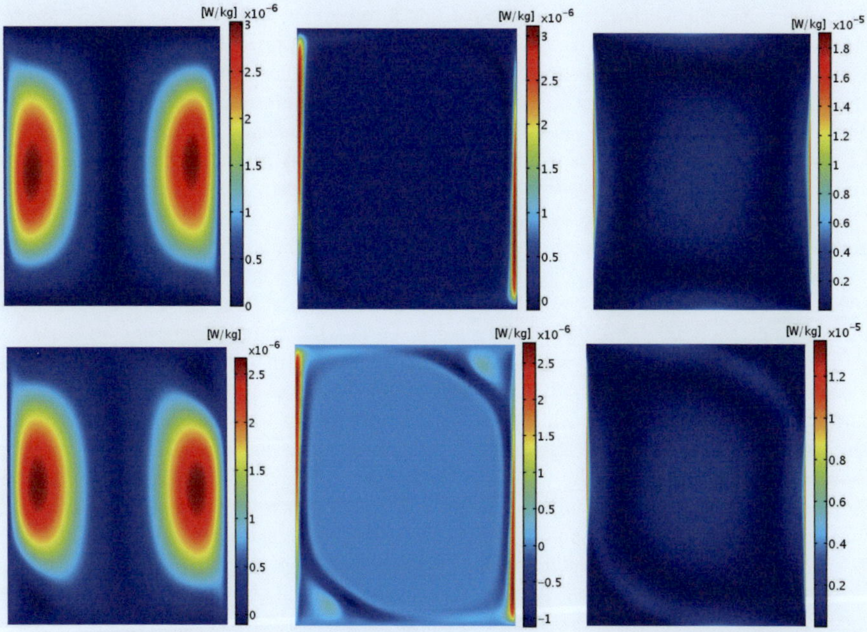

Abbildung 3.38: Konturdarstellung der Integranden der rechten Seite der Energiegleichung (3.24) bei $\tau = 1$ (oben) und $\tau = 4$ (unten). Numerisches Resultat, $I_{zelle} = 2\,\mathrm{mA}$, $b = -31\,\mathrm{T/m}$. Von links nach rechts: Lorentzkraft-, Auftriebs- und Dissipationsterm (mit Faktor -1).

dagegen findet man erhöhte Dissipation in den bereits bei der Diskussion der Auftriebskraft erwähnten Randbereichen sowie im Zentrum des MHD-Wirbels. Abb. 3.39 zeigt

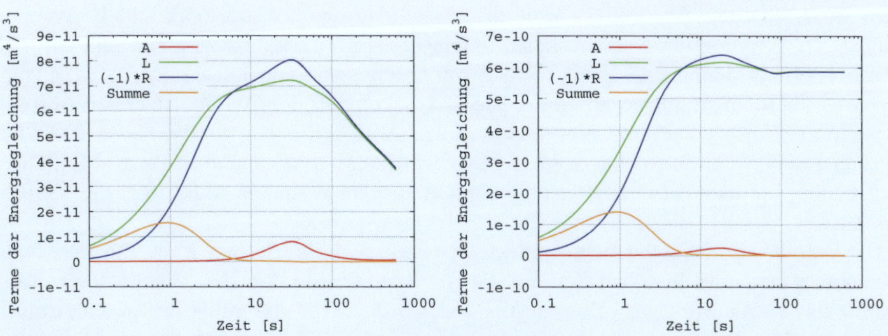

Abbildung 3.39: Zeitlicher Verlauf der Integralterme der rechten Seite der Energiegleichung (3.24) (numerisches Resultat) bei $b = -31\,\mathrm{T/m}$ (A - Auftriebsterm, L - Lorentzkraftterm, R - Reibungsterm). Links: $I_{Zelle} = 2\,\mathrm{mA}$, rechts: $I_{Zelle} = 6\,\mathrm{mA}$,

links den zeitlichen Verlauf der einzelnen Integralterme der rechten Seite der Energiegleichung (3.24) bei einer Zellstromstärke von $I_{zell} = 2\,\mathrm{mA}$ und einem Magnetfeldgradient von $b = -31\,\mathrm{T/m}$. Zusätzlich dargestellt ist die Summe aller drei Integralterme, die der zeitlichen Änderung der kinetischen Energie entspricht. Sofort mit dem Einschalten des elektrischen Stromes erfolgt ein Zugewinn an kinetischer Energie durch die Arbeit der Lorentzkraft. Im Vergleich dazu kommt die Auftriebskraft erst später zum Tragen und erreicht ihre Maximalwirkung erst bei etwa $\tau = 1$. Zu diesem Zeitpunkt ist ebenfalls die Dissipationsrate maximal. Da der Auftrieb hauptsächlich auf die dünnen Konzentrationsgrenzschichten in der Zelle beschränkt ist, erscheint sein Einfluss in dieser Darstellung als relativ gering. Interessant ist, dass bereits bei etwa 1 s die zeitliche Änderung der kinetischen Energie ihr Maximum erreicht hat, für größere Zeiten wächst die kinetische Energie immer langsamer. Die maximale kinetische Energie wird wie oben gezeigt erst erst bei $\tau = 1$ erreicht. Wie weiter zu sehen ist, übersteigt ab einem Zeitpunkt von etwa 6 s die Dissipationsrate den Lorentzkraftanteil. Verursacht durch einen immer stärker werdenden Lorentzkraftanteil nimmt jedoch die kinetische Energie bis zum Zeitpunkt $\tau = 1$ weiter zu. Zu diesem Zeitpunkt sind alle drei Integralbeiträge maximal und klingen im weiteren Zeitverlauf ab. Für $\tau > 1$ beginnt sich der Beitrag des Auftriebs durch die sich aufbauende vertikale Dichtestratifikation in der Zelle zu verringern. Auch die Terme der Lorentzkraft und der Dissipation klingen ab und sind hierbei zunächst näherungsweise gleich groß. Für $\tau \gg 1$ wird asymptotisch eine konstante kinetische Energie in der Zelle erwartet, d.h. eine stationäre Lösung, bei der sich die drei dargestellten Terme zu Null summieren. Auf der rechten Seite von Abb. 3.39 ist zum Vergleich der oben bereits erwähnte Fall mit einer großen Zellstromstärke von $I_{Zelle} = 6\,\mathrm{mA}$ dargestellt, bei welchem die MHD-Konvektion für große Zeiten nicht abklingt. Hier kompensieren sich bereits nach ca. 5 s Lorentzkraftterm und Dissipationsterm deutlich besser, da der relative Beitrag der Lorentzkraft im Vergleich zum Fall der geringeren Zellstromstärke geringer geworden ist.

3.2.4 Dem Auftrieb entgegengerichtete Lorentzkraft

Im vorangegangen Abschnitt wurde das Verhalten von Stofftransport und Konvektion unter der Wirkung einer den Auftrieb unterstützenden Lorentzkraft untersucht. Im Fall einer gegen die Auftriebsrichtung orientierten Lorentzkraft ergeben sich interessante transiente Effekte im Anlaufverhalten der Elektrolyse, die aus dem Wechselspiel von Auftrieb und MHD-Konvektion resultieren und im Folgenden beschrieben werden sollen. Erste experimentelle Arbeiten zu einer solchen Magnetfeldkonfiguration sind in Yang u. a. (2008c) zu finden, die hier präsentierten numerischen Resultate sind in Mutschke u. a. (2012b) publiziert.

Die Details der hier untersuchten Elektrolysezelle sind als „System 2“ in Tabelle 3.2 zusammengefasst und beziehen sich auf die Konfiguration in den Experimenten von Yang u. a. (2008c). Als wichtiger Unterschied sei zunächst auf die gegenüber der vorigen Anordnung (System 1) vertauschte Position von Anode und Kathode hingewiesen. Die Simulationen zum Anlaufen der Elektrolyse erfolgten in gleicher Weise wie oben beschrieben.

Abbildung 3.40 zeigt für eine Zellstromstärke von $I_{Zelle} = 2\,\mathrm{mA}$ und eine gegen die Auftriebsrichtung orientierte Lorentzkraft Konturen der Konzentration der Kupferionen und der mit der jeweiligen Maximalgeschwindigkeit normierten Geschwindigkeitsvektoren zu

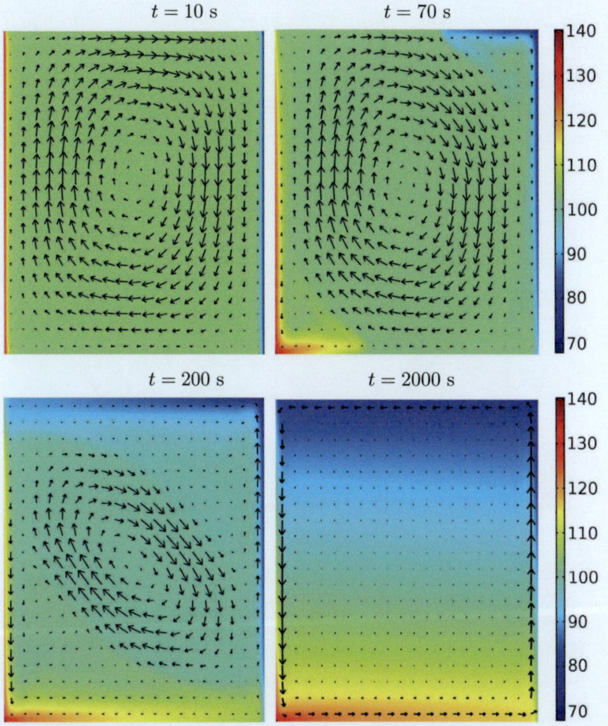

Abbildung 3.40: Konturdarstellung der Cu^{2+}-Konzentration (in mol/m^3) und der mit der jeweiligen Maximalgeschwindigkeit normierten Geschwindigkeitsvektoren zu verschiedenen Zeiten t (aus Koschichow u. a. (2012)).

verschiedenen Zeitpunkten. Nach $t = 10\,\mathrm{s}$ erkennt man eine sich an den Elektroden entwickelnde Konzentrationsgrenzschicht sowie eine bereits deutlich ausgeprägte zirkulare Konvektion im Uhrzeigersinn in der Zelle, die durch die Lorentzkraft verursacht wird und gegen die Richtung der Naturkonvektion verläuft. Nach $t = 70\,\mathrm{s}$ haben sich Intrusionsschichten gebildet, die durch die gegenläufige MHD-Konvektion in ihrer horizontalen Bewegung in Richtung der Gegenelektrode gebremst werden. Wie im Fall einer den Auftrieb unterstützenden Lorentzkraft führt der MHD-Wirbel Teile dieser Intrusionsschichten an seinem äußeren Rand mit. Hierdurch entstehen in den gegenüberliegenden Ecken der Elektrolysezelle Rezirkulationsgebiete, ähnlich zum Fall der den Auftrieb unterstützenden Lorentzkraft, hier jedoch in den anderen beiden Ecken. Ein weiterer kleiner Unterschied ist, dass hier wegen der entgegengesetzten Richtung der MHD-Konvektion kein Doppelwirbel auftritt (Yang u. a. 2008c). Die Zwangskonvektion in der Zelle nimmt im weiteren Zeitverlauf ebenfalls die Gestalt einer gegen den Uhrzeigersinn geneigten Ellipse an. Nach $t = 200\,\mathrm{s}$ erkennt man deutlich, dass die MHD-Konvektion zu schwach ist, um die Ausbreitung der Intrusionsschichten bis zur Gegenelektrode zu unterbinden. Im Zeitverlauf bildet sich eine stärker werdende Konzentrations- und Dichtestratifikation aus, die die

Zwangskonvektion immer weiter räumlich einengt und abschwächt. Nach $t = 2000\,\mathrm{s}$ erkennt man, dass die MHD-Konvektion im Zellinnern vollständig verschwunden ist und sich eine deutlich ausgeprägte vertikale Stratifikation in der Zelle gebildet hat. Verblieben scheint lediglich die Auftriebskonvektion in Elektrodennähe.

In Abb. 3.41 ist der horizontale Verlauf der vertikalen Geschwindigkeit u_z in Zellmitte

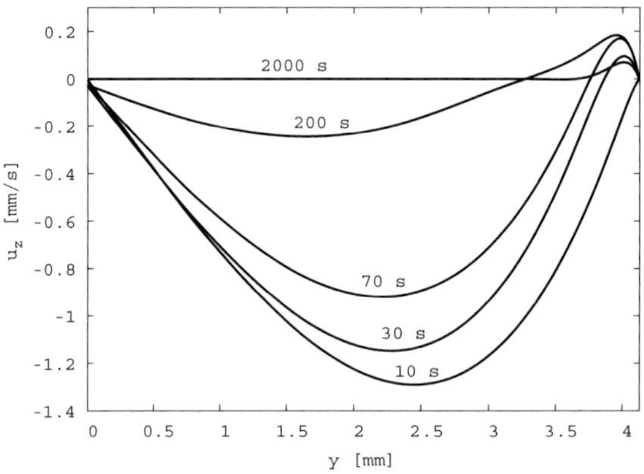

Abbildung 3.41: Horizontaler Verlauf der vertikalen Geschwindigkeit u_z in Zellmitte in der rechten Hälfte der Zelle (Mitte hier $y = 0$) zu verschiedenen Zeiten t (aus Mutschke u. a. (2012b)).

zu verschiedenen Zeiten in der rechten Zellhälfte dargestellt. Bei $t = 10\,\mathrm{s}$ ist die durch die Lorentzkraft erzwungene Konvektion bereits voll ausgeprägt, während die in die entgegengesetzte Richtung orientierte Naturkonvektion erst bei $t = 30\,\mathrm{s}$ sichtbar wird. Bis zur dargestellten Maximalzeit bei $t = 2000\,\mathrm{s}$ klingt die erzwungene Konvektion im Zeitverlauf im Inneren der Zelle immer weiter ab. Durch die nun voll ausgeprägte vertikale Stratifikation und die immer noch gegen die Auftriebsrichtung wirkende Lorentzkraft verbleibt schließlich an der Kathode nur eine schwache Vertikalkonvektion. Dieses Verhalten entspricht qualitativ gut dem oben erhaltenen Ergebnis aus den stationären Simulationen.

Abb. 3.42 zeigt für den kathodennahen Raum der Zelle Konturen der Konzentration der Cu^{2+}-Ionen zu verschiedenen Zeiten nach dem Einschalten des Stromes. Verursacht durch die gegensätzlichen Bewegungsrichtungen von erzwungener und Auftriebskonvektion werden äußere Bereiche der aufsteigenden Konzentrationsgrenzschicht durch die erzwungene Konvektion nach unten advektiert, und es entsteht eine lokale Verdickung der Konzentrationsgrenzschicht. Da aber die erzwungene Konvektion im Zeitverlauf immer weiter an Stärke abnimmt (siehe Abb. 3.41), setzt sich die Auftriebsbewegung durch. Ab etwa $t > 25$ s beginnt diese Verdickung der Konzentrationsgrenzschicht, sich nach oben zu bewegen, wo sie im weiteren Zeitverlauf schließlich in die horizontale Intrusionsschicht übergeht. Ein solches transientes Anlaufverhalten wurde erstmalig experimentell in Yang u. a. (2008c) beschrieben. Hierdurch bietet sich ggf. die Möglichkeit, mittels zeitlich gepulster Ströme oder auch Magnetfelder eine Optimierung der Abscheidung hinsichtlich ihrer Gleichmäßigkeit zu erreichen. Für weiterführende Arbeiten hierzu sei auf Yang u. a.

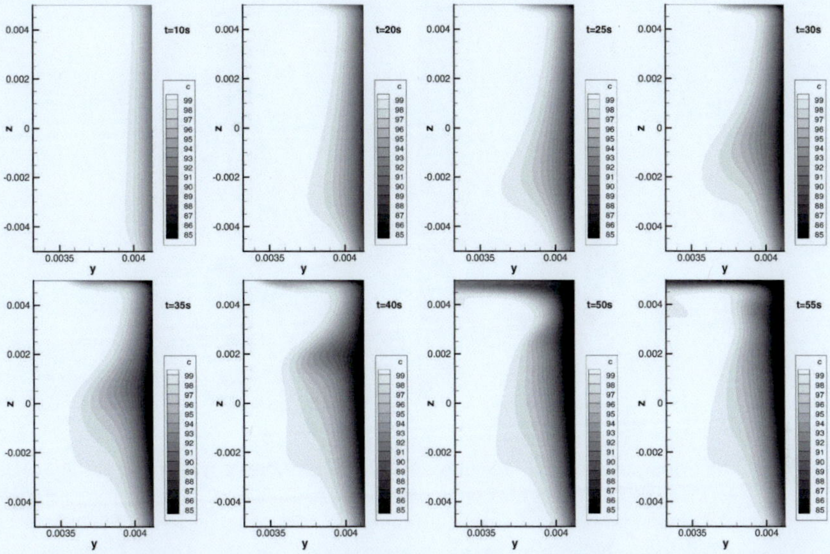

Abbildung 3.42: Konturdarstellung der Konzentration der Cu^{2+}-Ionen (in mol/m^3) zu verschiedenen Zeiten nach Einschalten des Stromes im kathodennahen Raum.

(2009) und Selent (2011) verwiesen.

Abbildung 3.43 zeigt im Vergleich von numerischer Simulation und Experiment (Yang u. a. 2008c) einen Schnappschuss der inhomogenen Konzentrationsverteilung im kathodennahen Raum bei $t = 30$ s. Obwohl die Simulation dem Experiment geringfügig vorauseilt, wird insgesamt das transiente Verhalten in der Zelle im Rahmen der gewählten zweidimensionalen numerischen Modellierung gut widergespiegelt.

Abb. 3.44 zeigt einen Vergleich des Zeitverhaltens der über die Zellfläche A_{Zelle} gemittelten Geschwindigkeit ohne Magnetfeld, mit dem Auftrieb entgegenwirkendem Magnetfeld und mit einem den Auftrieb unterstützenden Magnetfeld. Zu Beginn erfolgt das Anlaufen der MHD-Konvektion für beide Magnetfeldrichtungen synchron hinsichtlich der hier dargestellten mittleren Geschwindigkeit. Ab etwa $t \approx 10$ s liefert der stärker werdende Auftrieb nennenswerte Beträge, wodurch im Fall des entgegenwirkenden Magnetfeldes die Geschwindigkeit bereits wieder abzunehmen beginnt. Im Gegensatz dazu steigt die Geschwindigkeit im Fall des unterstützenden Magnetfeldes bis etwa $t \approx 30$ s weiter an, woran sich das bereits oben diskutierte Abklingen der MHD-Konvektion im weiteren Zeitverlauf anschließt. Der Fall ohne Magnetfeld zeigt vergleichsweise geringere Maximalgeschwindigkeiten, die nach etwa $t \approx 40$ s erreicht werden. Zu diesem Zeitpunkt findet man im Geschwindigkeitsverlauf des entgegenwirkenden Magnetfeldes ein kleines Nebenmaximum, welches mit der oben diskutierten Durchsetzung der Richtung der Naturkonvektion in den Grenzschichten von Kathode und Anode verknüpft ist.

Im weiteren Zeitverlauf erreicht die Geschwindigkeit im Fall des gegen den Auftrieb gerichteten Magnetfeldes bei $t \approx 250$ s die Werte des Vergleichsfalls ohne Magnetfeld und unterschreitet diese anfänglich leicht, da die der Auftriebskonvektion entgegengerichtete

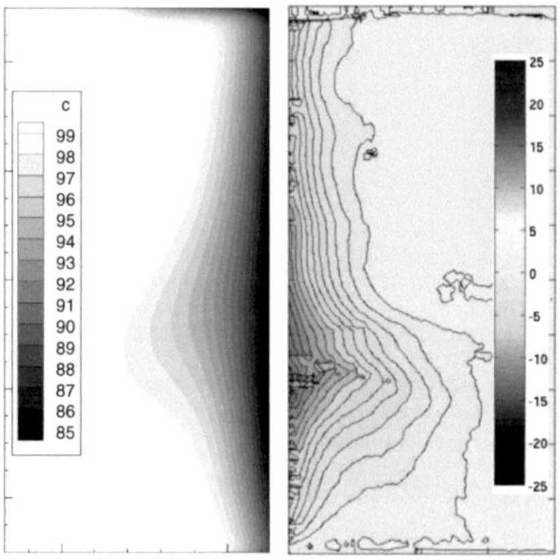

Abbildung 3.43: Schnappschuss der inhomogenen Konzentrationsverteilung im kathodennahen Raum ($\Delta y = 0.8\,\mathrm{mm}$) bei $t = 30\,\mathrm{s}$. Dargestellt sind links Konturen der Konzentration der Cu^{2+}-Ionen (in mol/m^3) aus der numerischen Simulation (Kathode rechts) und rechts die entsprechenden Konzentrationsänderungen Δc der Cu^{2+}-Ionen aus dem Experiment von Yang u. a. (2008c) mit seitengespiegelter Kathode.

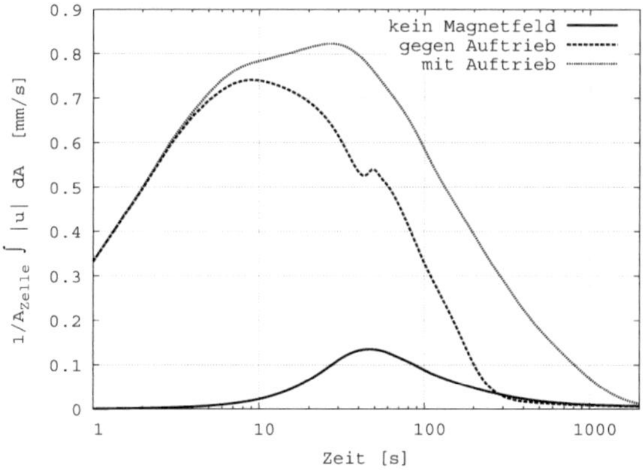

Abbildung 3.44: Vergleich des Zeitverhaltens der über die Zellfläche A_{Zelle} gemittelten Geschwindigkeit mit den Auftrieb unterstützendem, ihm entgegenwirkendem und ohne Magnetfeld. (siehe auch Mutschke u. a. (2012b)).

MHD-Konvektion zu diesem Zeitpunkt noch nicht vollständig abgeklungen ist. Im Fall des unterstützenden Magnetfeldes werden die Werte des Vergleichsfalls ohne Magnetfeld erst viel später bei etwa $t \approx 2000\,\mathrm{s}$ erreicht.
Obwohl die mittlere Maximalgeschwindigkeit der MHD-Konvektion fast um eine Größen-

ordnung über der der Naturkonvektion liegt, ist die Lorentzkraft in diesem System zu schwach, um die Ausbildung der vertikalen Stratifikation in der Zelle zu verhindern. Dies wird deutlich, wenn man den von Fahidy eingeführten MHD-Parameter betrachtet, der als Verhältnis von Lorentzkraft zu Auftriebskraft definiert ist (siehe Formel 2.125). Für die hier betrachtete Stromdichte von $20\,\mathrm{A/m^2}$ und ein Magnetfeld von 0.1 T am Zellrand beträgt dieser lediglich $R_{MHD} \sim 0.012$ und deutet damit ebenfalls auf das Abklingen der MHD-Konvektion im Zeitverlauf hin. Im Vergleich hierzu war im oben ausführlich untersuchten System 1 mit einer den Auftrieb unterstützenden Lorentzkraft der MHD-Parameter etwa eine Größenordnung größer (siehe Gleichung 3.19), wodurch bei den größeren Zellstromstärken eine jeweils zeitlich konstante Stärke der MHD-Konvektion erreicht werden konnte.

3.3 Zusammenfassung

In diesem Kapitel wurden zunächst dreidimensionale Simulationen der elektrolytischen Abscheidung von Kupfer unter dem Einfluss homogener Magnetfelder in Zellen mit vertikalen Wandelektroden durchgeführt. Aus analytischen Erwägungen konnte ein wesentlich verbessertes und detaillierteres Verständnis der Wirkung der Lorentzkraft homogener Magnetfelder erarbeitet werden. Bisher wurde nicht bedacht, dass unter der Annahme der hier vorliegenden geringen Dichteänderungen im Elektrolyt lediglich der Rotationsanteil der Lorentzkraft zusätzliche Konvektion anfachen kann. Hieraus resultieren im Fall vertikaler oder auch elektrodennormaler Magnetfelder horizontale Drehströmungen im Boden- und Deckelbereich der Zellen mit gegenläufigem Drehsinn. Diese konnten in den stationären Simulationen erstmalig numerisch dargestellt werden. In nachfolgend ausgeführten Experimenten zur Kupferabscheidung in vertikalen Magnetfeldern konnte diese Konvektionsstruktur ebenfalls nachgewiesen werden (Mutschke u. a. 2008, 2009).
Charakteristisch in den hier untersuchten Zellen mit vertikalen Wandelektroden ist die Ausbildung einer vertikalen Dickenverteilung der Konzentrationsgrenzschicht an den Elektroden. Diese Dickenverteilung ändert sich unter dem Einfluss von homogenen Magnetfeldern im hier untersuchten Bereich von $|R_{MHD}| < 0.05$ nur wenig und erzeugt im Grenzstromregime eine inhomogene Verteilung der Stromdichte, aus denen rotationsbehaftete Lorentzkräfte resultieren. Aus diesen Überlegungen konnte durch eine näherungsweise Darstellung des Rotationsanteils der Lorentzkraft im Fall vertikaler und elektrodennormaler Magnetfelder die auftretende charakteristische Konvektionsstruktur erstmalig erklärt werden (Mutschke und Bund 2008; Mutschke u. a. 2010a). Die horizontale MHD-Konvektion beeinflusst bei moderaten Magnetfeldstärken die Naturkonvektion an den Elektroden und das Entstehen einer vertikalen Dichtestratifikation nur wenig, woraus sich der insgesamt nur geringe Anstieg des Grenzstromes unter Magnetfeldwirkung erklärt.
Im Fall elektrodennormaler Magnetfelder wird der beschriebene Effekt von vertikalen Komponenten der Stromdichte verursacht, die sich insbesondere in „hohen" Elektrolysezellen ausbilden. In einer solchen Zelle konnten die charakteristischen horizontalen Drehströmungen mir gegenläufigem Drehsinn unlängst numerisch nachgewiesen werden (Hess 2008). Auf Grund der höheren Rayleighzahl von $Ra \sim 10^9$ zeigt die Strömung in dieser Zelle bereits transiente Effekte, und die MHD-Konvektion ist von langsamen Oszillationen

überlagert.
Um eine bessere Durchmischung des Elektrolyten und damit eine homogene Abscheidung zu erzielen, wurden im weiteren Verlauf verschiedene Konfigurationen inhomogener Magnetfelder untersucht, die einen ausgeprägten Rotationsanteil der Lorentzkraft besitzen. Als einfaches Beispiel boten sich Magnetfelder mit einem konstanten Gradienten zwischen den Elektroden an, mit denen horizontale oder vertikale Drehströmungen im gesamten Zellbereich erzeugt werden können. Horizontales Rühren ergibt bei kleinen Magnetfeldamplituden nur wenig Veränderung hinsichtlich der inhomogenen Abscheidung, da die vertikale Struktur der Konzentrationsgrenzschichten und der Dichtestratifikation kaum beeinträchtigt wird. Als aussichtsreichste Konfiguration wurden horizontal orientierte inhomogene Magnetfelder studiert, die eine vertikale Rotationsbewegung in der Elektrolysezelle erzeugen, welche gegen oder in Richtung der Naturkonvektion orientiert sein kann.
Hierzu wurden transiente Simulationen der Kupferabscheidung im ladungskontrollierten Regime unter galvanostatischen Bedingungen durchgeführt. Die Berechnungen erfolgten zweidimensional in einer vertikalen Ebene zwischen den Elektroden und zeigen hinsichtlich des Wirkens der Lorentzkraft eine sehr gute Übereinstimmung mit entsprechenden experimentellen Resultaten (Mühlenhoff u. a. 2012). In Richtung der Auftriebskonvektion orientierte Lorentzkräfte erwiesen sich als geeignet, um die Gleichmäßigkeit der Abscheidung zu verbessern. Bereits bei kleinen Amplituden der Lorentzkräfte kann so eine gewisse Verbesserung erreicht werden, obwohl sich im Zeitverlauf eine vertikale Stratifikation durchsetzt. Hierdurch klingt im Inneren der Zelle die MHD-Konvektion ab, und der verbleibende Einfluss der Lorentzkraft beschränkt sich auf den Grenzschichtbereich an den Elektroden.
Mit stärkeren Lorentzkräften kann das Abklingen der MHD-Konvektion im Zeitverlauf verhindert und zunächst eine nahezu gleichmäßige Abscheidung in weiten Bereichen der Kathode erreicht werden. Ein stärkeres Anfachen der MHD-Konvektion durch höhere Stromdichten und stärkere Magnetfeldgradienten führt jedoch in dieser Zellgeometrie gleichzeitig zu dünner werdenden horizontalen Intrusionsschichten sowie zum Anfachen der Rezirkulationen im Bodenbereich der Kathode und im Deckelbereich der Anode. Diese beiden Effekte begrenzen eine weitere Vergleichmäßigung der Abscheidung bzw. wirken ihr entgegen. Bei gegebener Stromdichte kann so die Existenz einer optimalen Stärke der Lorentzkraft im Hinblick auf eine möglichst gleichmäßige Abscheidung vermutet werden. Eine weitergehende Untersuchung der Fälle mit nicht abklingender MHD-Konvektion steht noch aus. Der scheinbare Widerspruch, dass ein solcher Effekt bereits bei Werten des MHD-Parameters von $R_{MHD} < 1$ auftritt, kann vermutlich durch eine genauere lokale Analyse erklärt werden. Bei der bisherigen Berechnung von R_{MHD} wurde angenommen, dass die die Auftriebskraft bestimmende Konzentrationsänderung mit der Elektrolytkonzentration c_1^0 skaliert. Dies ist jedoch im hier untersuchten ladungskontrollierten Regime nicht der Fall. Insbesondere bei starker MHD-Konvektion treten deutlich kleinere Konzentrationsveränderungen auf, die zu entsprechend größeren Werten von R_{MHD} führen.
Im Fall einer gegen die Auftriebsströmung orientierten Lorentzkraft ergeben sich interessante transiente Effekte im Anfangsverhalten der Elektrolyse, die aus den unterschiedlichen Zeitskalen beim Anlaufen von MHD-Konvektion und Auftriebskonvektion resultieren (Mutschke u. a. 2012b). Hier bietet sich die Möglichkeit, mittels zeitlich gepulster Ströme oder Magnetfelder eine Optimierung der Abscheidung hinsichtlich ihrer Gleichmäßigkeit zu erreichen. Für weiterführende Arbeiten hierzu sei auf Yang u. a. (2009) und Selent

(2011) verwiesen.
Für zukünftige Simulationen empfiehlt sich eine Erweiterung auf drei Raumdimensionen, um die quantitative Übereinstimmung mit den Experimenten weiter zu verbessern. Hierdurch können die in den Experimenten vorhandenen Abweichungen von der als zweidimensional angenommenen Magnetfeldverteilung sowie der Einfluss der Seitenwände berücksichtigt werden (Mühlenhoff u. a. 2012). Eine weitere Verbesserung der Simulationen könnte durch die Einbeziehung der geringen H_2SO_4-Konzentration im Elektrolyt (pH3) sowie durch eine Berücksichtigung der nur teilweisen Dissoziation des $CuSO_4$-Salzes bei den hier betrachteten Konzentrationen erreicht werden (Casas u. a. 2000).

4 Kleinskalig strukturierte elektrolytische Metallabscheidungen

Aus den bisherigen Untersuchungen geht klar hervor, dass ein enger Zusammenhang zwischen Konvektion und elektrochemischem Stoffumsatz besteht und dass Lorentzkräfte geeignet sind, um Konvektion in elektrochemischen Zellen anzuregen. In dem nun folgenden Kapitel soll die Möglichkeit untersucht werden, inwieweit magnetische Gradientenkräfte zum Anregen lokaler Konvektion und damit zur Erzeugung kleinskalig strukturierter Abscheidungen genutzt werden können.

4.1 Einleitung - Feldgradientenelektroden

Bei der elektrolytischen Abscheidung magnetischer Ionen in inhomogenen Magnetfeldern wirken naturgemäß magnetische Gradientenkräfte (Lahoz und Walker 1975). In der elektrochemischen Literatur wird in diesem Zusammenhang von einer Vielzahl von Effekten berichtet. Im Folgenden werden einige hiervon beschrieben, wobei für eine ausführlichere Übersicht auf Coey u. a. (2007); Tschulik (2012) verwiesen sei. So entsteht beispielsweise bei der elektrolytischen Abscheidung von ferromagnetischen Metallen in einem äußeren homogenen Magnetfeld durch die Magnetisierung der abgeschiedenen Schicht ein Gradientenfeld, das den Stoffumsatz beeinflussen kann (siehe z.B. Uhlemann u. a. (2003a, b)). Für den Fall, dass paramagnetische Ionen im Elektrolyten vorhanden sind, berichten Dass u. a. (2005) vom Einfluss inhomogener Magnetfelder auf die Korrosionsprozesse an ferromagnetischen Elektroden. Grant u. a. (1999) sowie Pullins u. a. (2001) berichten von der Anreicherung paramagnetischer Ionen und Moleküle an ferromagnetischen Mikroelektroden, die vermutlich durch die magnetischen Gradientenfelder im äußeren homogenen Magnetfeld verursacht werden. Wakayama u. a. (2001) zeigten, dass in Brennstoffzellen die Grenzstromdichte, die durch den Prozess der Reduktion von Sauerstoff bestimmt ist, durch die Anordnung eines Permanentmagneten hinter der Kathode deutlich erhöht werden kann.

Andererseits können auch von außen vorgegebene inhomogene Felder zur Anwendung kommen, um mittels der Kelvin-Kraft eine entsprechende Wirkung zu erzielen. So berichten z.B. Tanimoto und auch Gorobets von der Beeinflussung des dendritischen Wachstums bei der Abscheidung von Silber bzw. Nickel in starken externen Gradientenfeldern (Gorobets u. a. 2008; Tanimoto u. a. 1997). Sugiyama u. a. (2004) beschreiben Stromänderungen an Mikroelektroden bei der Redoxreaktion in einem Ferro-/Ferrizyanid-System sowie in einem Kupfersystem, wobei ein starkes inhomogenes Magnetfeld (bis zu 200 T^2/m) von außen aufgeprägt wurde.

Bedingt durch die Präsenz von Stromfluss und Magnetfeld wirken in inhomogenen Ma-

gnetfeldern neben magnetischen Gradientenkräften auch Lorentzkräfte (Mohanta und Fahidy 1978). Die Interpretation der Vielfalt der beobachteten Effekte wird oft durch die Überlagerung der beiden Kraftwirkungen erschwert. Um den Einfluss der Lorentzkräfte auszuschließen, untersuchte Ragsdale in einem externen stark inhomogenen Magnetfeld eine spezielle Konfiguration an einer Mikroelektrode, in der die Gradientenkräfte über die Lorentzkräfte klar dominierten. Der beobachtete deutlich erhöhte Stoffumsatz (400% Nitrobenzen) wurde der Wirkung der Kelvin-Kraft zugeschrieben, welche eine Kraftwirkung auf die magnetischen Ionen ausübt, jedoch angeblich nicht zu einer Konvektion des Elektrolyten führt (Ragsdale u. a. 1998). Hinds u. a. (2001) schätzten ab, dass bei der Abscheidung paramagnetischer Kupferionen in starken Gradientenfeldern (B=1T, ∇B=10 T/m) die Größe der wirkenden Kelvin-Kraft durchaus mit der Größe der wirkenden Lorentzkraft (10^3 A/m, 1 T) vergleichbar ist und daher entsprechend berücksichtigt werden sollte. Sanchez-Barriga u. a. (2007) und Tian u. a. (2005) berichten, dass bei der Herstellung ferromagnetischer Nanodrähte aus Nickel und Cobalt die Anwendung von Magnetfeldern den Wachstumsprozess beschleunigen kann, wobei ebenfalls die Kristallstruktur der abgeschiedenen Drähte beeinflusst wird.
2007 führte die Gruppe von Coey aus Dublin sogenannte Feldgradientenelektroden ein (siehe Abb. 4.1), bei denen magnetisierte CoPt-Drähte geringen Durchmessers (100 nm) auf der Rückseite der Elektrode angebracht sind und somit starke magnetische Gradientenfelder (10^5 T/m) in Elektrodennähe erzeugt werden (Chaure u. a. 2007). Bei der Reduktion von Sauerstoff wurde im Vergleich zum unmagnetisierten Zustand der Drähte ein beträchtlicher Stromanstieg gefunden, welcher im Zusammenhang mit einer Konzentrationserhöhung der HO_2^--Ionen der Wirkung von Kelvinkräften zugeschrieben wurde. Weitere experimentelle Arbeiten mit hinter der Elektrode angebrachten ferromagnetischen Strukturen im Nanometerbereich berichten ebenfalls von geänderten Grenzströmen (Chaure und Coey 2009). Im Zusammenhang mit dem Einfluss externer Magnetfelder auf die Korrosion kleiner ferromagnetischer Elektroden im Millimeterbereich werden ebenfalls Kelvinkräfte diskutiert (Sueptitz u. a. 2009; Süptitz 2011).
Für Arbeiten zur strukturierten Abscheidung paramagnetischer und inzwischen auch diamagnetischer Metalle an Feldgradientenelektroden im mm-Bereich sei zunächst zusammenfassend auf Dunne und Coey (2012); Dunne u. a. (2011, 2012); Mutschke u. a. (2010b); Tschulik u. a. (2009, 2010a, b, 2011d) verwiesen. Diese Arbeiten werden nachfolgend ausführlicher diskutiert. Kleinere Abscheidestrukturen von 200 μm Breite wurden bereits an 50 μm schmalen ferromagnetischen Strukturen unter der Anwendung gepulster Ströme hergestellt (Tschulik u. a. 2011c).
Feldgradientenelektroden bieten in zukünftigen technologischen Anwendungen eine neue und auch preiswerte Möglichkeit zur kontaktlosen Erzeugung strukturierter Abscheidungen von Metallen im mm- und μm-Bereich (Tschulik 2012). Bei den im Folgenden beschriebenen Untersuchungen ist beabsichtigt, mittels analytischer und numerischer Methoden zu einem verbesserten Verständnis der beobachteten Effekte zu gelangen. Generell wurden in der o.g. Literatur im Zusammenhang mit der Kelvin-Kraft unterschiedliche und zum Teil widersprüchliche Mechanismen zur Kraftwirkung und damit auch zum Entstehen strukturierter Abscheidungen diskutiert. Daher sollen nachfolgend insbesondere das Verhältnis von Lorentzkraft zu magnetischer Gradientenkraft, die Rolle der in der Literatur oft unterschätzten lokalen Konvektion sowie der Einfluss von inerten magnetischen Ionen auf den Strukturierungsprozess untersucht und aufgeklärt werden. Hierbei wird die Wirkung eines einzelnen magnetischen Elementes einer Feldgradientenelektro-

de untersucht, um Wechselwirkungseffekte zwischen benachbarten Elementen zunächst auszuschließen. Ein großer Teil der im Folgenden dargestellten eigenen Ergebnisse wurde bereits in Fachzeitschriften publiziert (Mutschke u. a. 2012a, b, 2010b; Tschulik u. a. 2011b, d).

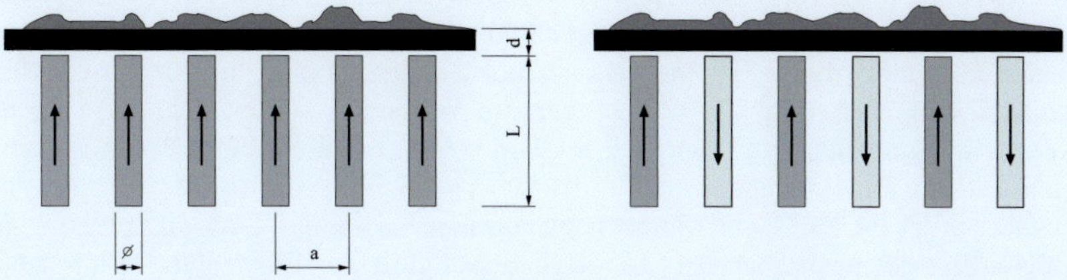

Abbildung 4.1: Schematische Darstellung einer Feldgradientenelektrode mit paralleler oder alternierender Magnetisierungsrichtung der benachbarten magnetischen Elemente (Pfeilrichtung).

4.2 Analyse der wirkenden Kräfte

In diesem Abschnitt wird die im Elektrolyten wirkende Kelvin-Kraft genauer analysiert und mit der Lorentz- und der Auftriebskraft verglichen. Wesentliche Teile der Darstellung folgen einer eigenen Publikation (Mutschke u. a. 2010b). Entsprechend Gleichung (2.77) lautet die Kelvin-Kraft

$$\mathbf{f}_m = \mu_0 M \nabla H = \mu_0 \chi_{sol} H \nabla H \tag{4.1}$$

Hierbei gilt für die magnetische Suszeptibilität χ_{sol} der Lösung

$$\chi_{sol} = \chi_{H_2O} + \sum_i \chi_i^{mol} c_i, \tag{4.2}$$

welche sich aus der Suszeptibilität des Wassers und der Suszeptibilität der magnetische Momente tragenden Ionen zusammensetzt. Für Zahlenwerte der magnetischen Suszeptibilität von Metallionen sowie des Wassers sei auf Tabelle 2.1 verwiesen.
Auf Grund des Ampereschen Gesetzes $\nabla \times H = 0$ folgt aus Gleichung (4.1) ebenfalls

$$\mathbf{f}_m = \frac{\mu_0}{2} \chi_{sol} \nabla H^2 \tag{4.3}$$

Für die Relationen zwischen Magnetisierung, magnetischer Feldstärke und magnetischer Induktion gilt: $M = \chi_{sol} H$, $B = \mu_0(M + H)$. Da die magnetische Suszeptibilität in wässrigen Elektrolyten $\chi_{sol} \ll 1$ ist, ändert sich die magnetische Feldstärke und damit auch die magnetische Induktion durch die Magnetisierung des Elektrolyten praktisch nicht. Es gilt also $H \approx H_0$ und $B \approx B_0$, wobei der Index 0 die nur durch den Magneten verursachten Felder kennzeichnet. Für die Gradienten der Felder kann man folgende Abschätzung treffen: Unter der Annahme einer charakteristischen Abmessung des Magneten (Durchmesser) von etwa 1 mm und einer typischen magnetischen Induktion von $B \sim 1\,\mathrm{T}$ beträgt $\nabla B_0 \sim 10^3\,\mathrm{T/m}$. Dieser Wert muss mit dem Gradienten verglichen werden, der durch die Konzentrationsgrenzschicht der elektrisch aktiven, magnetischen Ionen an der Kathode entsteht. Mit einer in elektrochemischen Zellen typischen Dicke der Konzentrationsgrenzschicht von $\delta_c \sim 10^{-4}\,\mathrm{m}$ ergibt sich $\mu_0 \nabla M \sim \chi_{sol} 10^4\,\mathrm{T/m}$. Hieraus folgt, dass bei typischen Werten von $\chi_{sol} \sim 10^{-5}$ für Elektrolyte im Fall der hier betrachteten kleinen magnetischen Elemente ($\sim 1\,\mathrm{mm}$) dieser Beitrag vernachlässigt werden kann, und für die Gradienten ebenfalls $\nabla H \approx \nabla H_0$ und $\nabla B \approx \nabla B_0$ gilt. Im Folgenden werden daher nur die durch die Magneten verursachten Felder und ihre Gradienten betrachtet und der Index 0 in der Feldbezeichnung wird weggelassen.

Offensichtlich ist im Fall einer räumlich homogenen Verteilung der Konzentrationen der beteiligten Spezies nach Formel (4.2) die Suszeptibilität des Elektrolyten räumlich konstant und damit die magnetische Gradientenkraft (4.3) eine Potentialkraft. Somit kann unter der Annahme nur kleiner Dichteänderungen im Elektrolyten (Boussinesq-Approximation) diese Kraft in geschlossenen Elektrolysezellen mit Wandelektroden keine Strömung treiben. Betrachtet man die Rotation der Kelvinkraft, so erhält man

$$\nabla \times \mathbf{f}_m = \frac{1}{2\mu_0} \left(\sum_i \chi_i^{mol} \nabla c_i \right) \times \left(\nabla B^2 \right) \tag{4.4}$$

Hieraus folgt, dass eine Beschleunigung des Elektrolyten nur in Regionen erfolgen kann, in denen einerseits Konzentrationsgradienten magnetischer Ionen existieren, also vorzugsweise in Elektrodennähe. Andererseits müssen in diesen Regionen auch nennenswerte Inhomogenitäten des magnetischen Feldes vorhanden sein. Weiterhin tragen Anteile mit räumlich konstanter Suszeptibilität nicht zum Rotationsanteil der Kelvinkraft bei, wie beispielsweise in wässrigen Elektrolyten die diamagnetische Suszeptibilität des Wassers χ_{H_2O} selbst.

Abb. 4.2 zeigt den Verlauf der magnetischen Suszeptibilität eines wässrigen Elektrolyten in Abhängigkeit von der Konzentration des darin enthaltenen Kupfersulfates unter der Annahme der vollständigen Dissoziation. Bei geringen Konzentrationen des $CuSO_4$ ist χ_{sol} negativ, obwohl die Cu^{2+}-Ionen paramagnetisch sind (siehe Tabelle 2.1). Erst bei $CuSO_4$-Konzentrationen von $c > 0.57\,\mathrm{mol/l}$ erreicht die Suszeptibilität der Lösung χ_{sol} positive Werte. Trotzdem ist aus den oben angeführten Gründen auch in schwach konzentrierten Kupfersulfat-Elektrolyten mit negativer Gesamtsuszeptibilität χ_{sol} eine paramagnetische Kraftwirkung der Kupferionen auf die Strömung des Elektrolyten zu erwarten. Es sei bereits an dieser Stelle vorweggenommen, dass diese hier dargelegten Überlegungen später sowohl numerisch als auch experimentell Bestätigung finden (Dunne u. a. 2011; Mutschke u. a. 2010b; Tschulik u. a. 2009).

Weiter wird aus Gleichung (4.3) oder (4.4) ersichtlich, dass das Vorzeichen des externen Magnetfeldes die Richtung der Kraftwirkung nicht beeinflusst (Mutschke u. a. 2010b). Somit spielt z.B. bei einem zylindrischen Permanentmagneten die Richtung der axialen Magnetisierung hier keine Rolle. Bei entsprechender Anordnung von mehreren zylindrischen Permanentmagneten in einem gewissen Abstand sollte dies individuell für jeden Magneten gelten, sofern sich die Felder benachbarter magnetischer Elemente nur wenig überlagern (siehe z.B. Dunne u. a. (2011); Tschulik (2012)).

Im Folgenden wird vereinfachend eine zylindersymmetrische Geometrie von Elektrolyse-

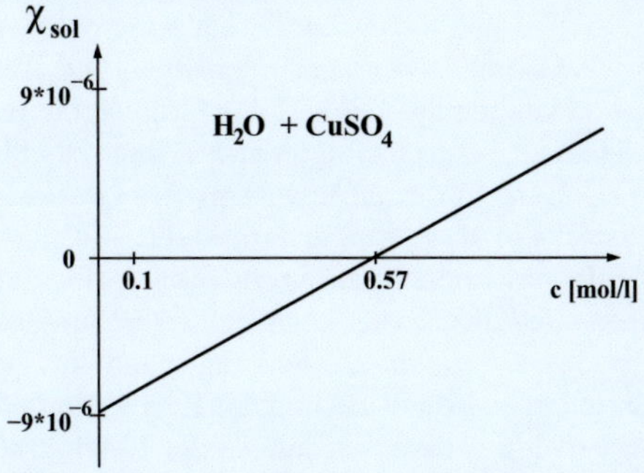

Abbildung 4.2: Magnetische Suszeptibilität des wässrigen Elektrolyten in Abhängigkeit von der Konzentration des Kupfersulfates unter der Annahme vollständiger Dissoziation (Daten aus Coey u. a. (2007)).

zelle und hinter der Kathode angeordnetem magnetischem Element betrachtet (siehe z.B. Abb. 4.9). In diesem Fall kann man für die während der Elektrolyse entstehende Konzentrationsverteilung von einer Winkelabhängigkeit absehen. Unter der Verwendung von Zylinderkoordinaten (r, φ, z) lässt sich Gleichung (4.4) wie folgt umformen:

$$\nabla \times \mathbf{f}_m = \frac{1}{\mu_0} \sum_i \chi_i^{mol} \left(\frac{\partial c_i}{\partial z} B \frac{\partial B}{\partial r} - \frac{\partial c_i}{\partial r} B \frac{\partial B}{\partial z} \right) \mathbf{e}_\varphi \tag{4.5}$$

Da die Rotation der magnetischen Gradientenkraft nur eine φ-Komponente besitzt, wirkt die Kraft selbst in r und z-Richtung. Hierbei hängt die konkrete Gestalt der Kraft sowohl von der Magnetfeldverteilung als auch von der Konzentrationsverteilung ab.
Nimmt man nun weiter an, dass zu Beginn des Abscheideprozesses in der zylindrischen Zelle die Konzentrationsgrenzschicht nicht vom Radius r abhängig ist, so vereinfacht sich Gleichung (4.5) zu

$$\nabla \times \mathbf{f}_m \approx \frac{B}{\mu_0} \frac{\partial B}{\partial r} \sum_i \left(\chi_i^{mol} \frac{\partial c_i}{\partial z} \right) \mathbf{e}_\varphi \tag{4.6}$$

In diesem Fall ist die Rotation der Kelvinkraft näherungsweise von der Amplitude der magnetischen Induktion und ihrer radialen Ableitung sowie von den axialen Konzentrationsgradienten der magnetischen Ionen abhängig.
Im Folgenden sei vereinfachend angenommen, dass bei der untersuchten Abscheidung von Kupferionen im Elektrolyten aus magnetischer Sicht keine weiteren Ionen zu berücksichtigen sind. Um einen ersten Eindruck von dem durch magnetische Gradientenkräfte verursachten Konvektionsmuster zu gewinnen, welches sich nach einer Anlaufphase an der Kathode in der Nähe des Magneten einstellt, wurde eine vereinfachte Simulation durchgeführt (siehe auch Mutschke u. a. (2010b)). Betrachtet wird eine zylindrische Zelle (Größe siehe Tabelle 4.1) mit unten liegender Kathode, unter welcher im Zentrum im Abstand von 70 μm ein zylindrischer Permanentmagnet aus NdFeB mit einer Länge von 2 mm und einem Durchmesser von 1 mm axial angeordnet ist. Die Zelle enthält einen wässrigen Elektrolyt mit 10 mM $CuSO_4$, und es wurde vereinfachend angenommen, dass die Konzentrationsgrenzschicht der Kupferionen an der Kathode eine konstante Dicke von

typischerweise 0.16 mm aufweist. Bei der stationären Simulation des Grenzstromregimes kam das Modell aus Abschnitt 2.3.2 zur Anwendung (NgoBoum und Alemany 1999; Olivas u. a. 2004). Da vereinfachend lediglich die magnetische Gradientenkraft berücksichtigt wird und Auftriebs- und Lorentzkraft vernachlässigt werden, kann die Simulation zweidimensional in der (r,z)-Ebene erfolgen. In der Abb. 4.3 sind die Geschwindigkeit und der Verlauf der magnetischen Feldstärke in Magnetnähe dargestellt. Die angefachte Strömung ähnelt der eines auf die Kathode gerichteten Strahls. In etwa 4 mm Entfernung vor der Kathode treten in Achsnähe die maximalen wandnormalen Geschwindigkeiten von ca. 35 μm/s auf. In Elektrodennähe erfolgt sodann die Umlenkung in radiale Richtung. Trotz der Vereinfachungen in der Simulation belegt die Richtung der Konvektion die Richtigkeit der oben geführten Diskussion bezüglich des Rotationsanteils der Kelvinkraft. Generell kann

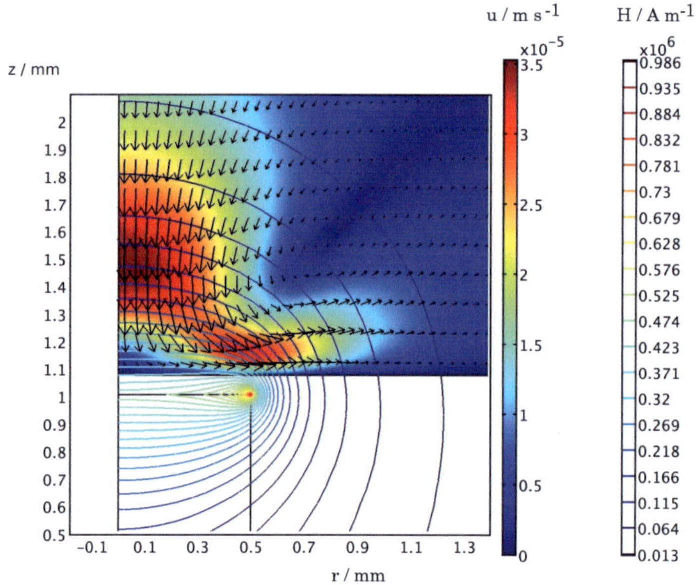

Abbildung 4.3: Charakteristische Konvektion u und Verlauf der magnetischen Feldstärke H an der Kathode über einem zylindrischen Permanentmagneten in der (r,z)-Ebene bei konstanter Dicke der Konzentrationsgrenzschicht (aus Mutschke u. a. (2010b)).

davon ausgegangen werden, dass eine solche lokale wandnormale Strömung (siehe auch Abb. 4.4 links) die Konzentrationsgrenzschicht anreichert und somit die Abscheiderate in der Nähe des Magneten erhöht.

Noch nicht einbezogen in die Diskussion wurde bisher jedoch der mögliche Einfluss der Lorentzkraft. Bekannt ist, dass die radiale Komponente des Magnetfeldes des Permanentmagneten im Zusammenspiel mit der normalen Komponente des Zellstromes zu einer azimutalen Strömung über dem Magneten führt (Grant u. a. 2001; Weier u. a. 2007). Hiervon sollte die lokale Stromdichte nicht beeinflusst werden, da diese elektrodenparal-

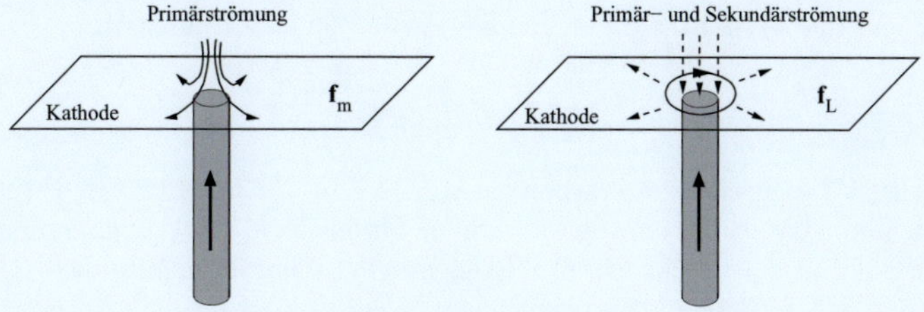

Abbildung 4.4: Charakteristische Konvektion an der Kathode über einem zylindrischen Permanentmagneten mit axialer Magnetisierung verursacht durch die magnetische Gradientenkraft $\mathbf{f}_m$ (links) und die Lorentzkraft $\mathbf{f}_L$ (rechts).

lele Strömung nur parallel zur Konzentrationsgrenzschicht erfolgt. Darüber hinaus führen jedoch Fliehkräfte der azimutalen Rotation (siehe Abb. 4.4 rechts) zu einer wandnormalen Sekundärströmung, welche frischen Elektrolyten an die Elektrode heranführt. Somit ist ein Einfluss der Lorentzkraft auf die lokale Stromdichte von vornherein nicht auszuschließen.

Um das Verhältnis von Lorentzkraft und magnetischer Gradientenkraft weiter zu untersuchen, kann man die Größenordnungen beider Kräfte abschätzen. Mit einer typischen magnetischen Induktion von 0.5 T und einer Zellstromdichte von 10 A/m^2 erhält man eine Lorentzkraftdichte von etwa 5 N/m^3. Approximiert man den Gradienten des Magnetfeldes als B/L, wobei L als charakteristische Längenskala den Durchmesser des Permanentmagneten bezeichnet, so erhält man für eine 0.1 M $CuSO_4$-Lösung und einen Magnetdurchmesser von 1 cm bereits eine Dichte der magnetischen Gradientenkraft von etwa 31 N/m^3. Offensichtlich führt eine weitere Verkleinerung des Magnetdurchmessers zu größeren Gradienten des Magnetfeldes und somit zu größeren magnetischen Gradientenkräften. Bei einem Durchmesser von 1 mm erhält man 310 N/m^3, während sich die Amplitude der Lorentzkraft nicht ändert. Da von der Lorentzkraft ebenfalls nur Sekundärströmungseffekte zur Anreicherung der Konzentrationsgrenzschicht beitragen können, welche nochmals schwächer als der Primäreffekt der Lorentzkraft sind, kann im Hinblick auf kleine magnetische Elemente im Milli- oder Mikrometerbereich von einer klaren Dominanz der magnetischen Gradientenkraft bei den zu untersuchenden Struktureffekten ausgegangen werden.

Überträgt man die Betrachtungen auf die Diskussion dimensionsloser Kennzahlen, so beschreibt der von Kim und Fahidy (1995) eingeführte MHD-Parameter das Verhältnis von Lorentzkraft zu Auftriebskraft. Für diesen gilt

$$R_{MHD} = \frac{j\,B}{\rho_0 \beta_L g c_0} = \frac{zFDB}{\rho_0 \beta_L g \delta_c} \tag{4.7}$$

Hierbei wurde die Grenzstromdichte $zFDc_0/\delta_c$ (siehe Gleichung (2.70)) verwendet, wobei δ_c die Dicke der Konzentrationsgrenzschicht bezeichnet. Tagawa u. a. (2002) führte im Zusammenhang mit paramagnetischen Effekten in Gasen einen dimensionslosen Parameter für das Verhältnis von magnetischer Gradientenkraft zu Auftriebskraft ein:

$$R_{\nabla B} = \frac{\chi_{mol} B^2}{\mu_0 \rho_0 \beta_L g L} \tag{4.8}$$

Bildet man nun das Verhältnis dieser beiden Parameter, so erhält man

$$\frac{R_{\nabla B}}{R_{MHD}} = \frac{\chi_{mol} B}{\mu_0 z F D} \frac{\delta_c}{L} \tag{4.9}$$

Dieser Ausdruck beschreibt das Verhältnis von Kelvin- zu Lorentzkraft (Mutschke u. a. 2010b). Ein ähnlicher Ausdruck findet sich in Dunne u. a. (2011). Klar ersichtlich ist, dass eine Reduktion der Strukturbreite L der magnetischen Elemente das Kräfteverhältnis zugunsten der Gradientenkräfte verschiebt. Weiterhin ist dieses Kräfteverhältnis weitestgehend unbeeinflusst von der Elektrolytkonzentration c_0, da nur indirekt eine relativ schwache Abhängigkeit der Dicke der Konzentrationsgrenzschicht δ_c von c_0 besteht. So gilt nach Wilke an vertikalen Elektroden $\delta_c \sim c_0^{-1/4}$ (Wilke 1953a, b).

4.3 Kupferabscheidung an vertikalen Elektroden

Um den relativen Einfluss der Lorentzkraft und der magnetischen Gradientenkraft auf Kupferabscheidungen weiter zu untersuchen, erfolgten parallel zu von K. Tschulik durchgeführten Experimenten (Mutschke u. a. 2010b; Tschulik u. a. 2009) entsprechende Simulationen. Hierbei wurde bewusst eine Zelle mit vertikalen Wandelektroden gewählt, um im Zusammenspiel mit der Naturkonvektion den relativen Einfluss der Lorentzkraft auf die Strukturierung klar herauszuarbeiten. Die den Simulationen zugrunde liegende Anordnung ist in Abbildung 4.5 skizziert. Die kubische Elektrolysezelle hat eine Kantenlänge

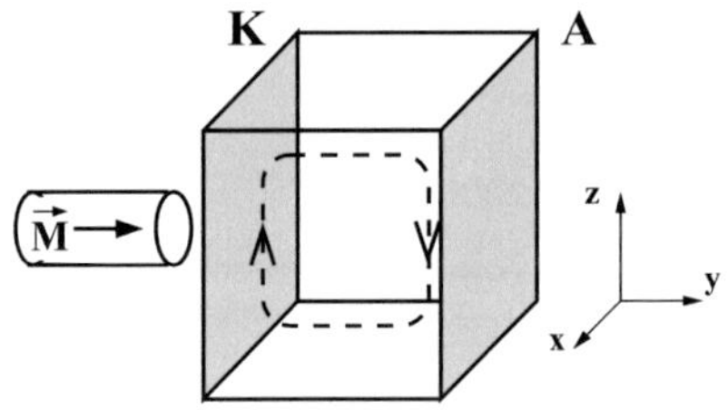

Abbildung 4.5: Skizze der Elektrolysezelle. Der zylindrische Permanentmagnet ist zentral hinter der Kathode angeordnet. Die Richtung der Naturkonvektion ist angedeutet.

von 1 cm mit gegenüberliegenden vertikalen Wandelektroden. Mittig hinter der Kathode ist im Abstand von 300 μm ein zylindrischer NdFeB-Permanentmagnet von 2 mm Durchmesser und 4 mm Länge angeordnet, welcher in axialer Richtung (y) magnetisiert ist und ein remanentes Magnetfeld von $b_{rem} = 1.2\,\mathrm{T}$ aufweist (Fa. IBS Magnet 2012).

4.3.1 Resultate stationärer Simulationen

Als numerische Methode kam das in Abschnitt 2.3.2 eingeführte Modell zur Berechnung stationärer Lösungen im Grenzstromregime von Leitsalzelektrolyten zum Einsatz

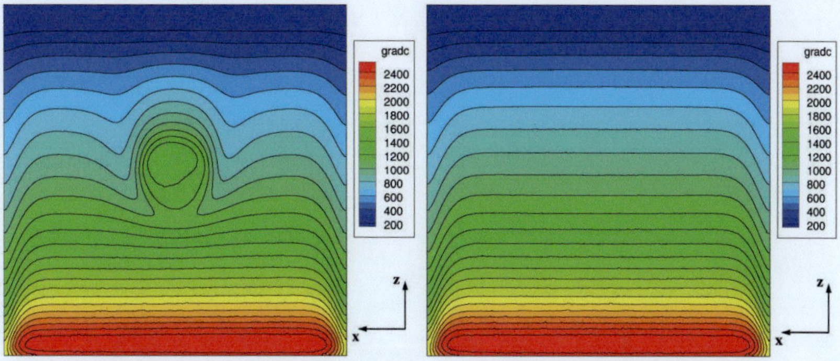

Abbildung 4.6: Elektrodennormale Komponente des Konzentrationsgradienten $\partial c / \partial n$ (in $\mathrm{mol\,m^{-4}}$) an der Kathode, Blick von der Anode. Links: Die Position des Permanentmagneten im Zentrum hinter der Elektrode ist „sichtbar". Rechts: Simulation ohne magnetische Gradientenkraft.

(Mutschke u. a. 2010b). Die Simulationen erfolgten mittels der kommerziellen Finite-Element- Pakete FIDAP V.8.7.4 (Fluent Inc. 2002) und COMSOL V3.5a (COMSOL Inc. 2012). Die für die Berechnungen generierten Gitter enthalten ca. 10^6 Dreiecks-Elemente 2. Ordnung und sind in Wand- und Elektrodennähe sowie in der Umgebung des Permanentmagneten entsprechend verfeinert. Das zur Berechnung der Kelvinkraft benötigte Magnetfeld des Permanentmagneten wurde wie in Abschnitt 2.3.5 beschrieben numerisch bestimmt. Für die Simulationen wurde eine niedrige $CuSO_4$-Konzentration von nur 0.51 mM gewählt, um schnelle Konvergenz der stationären Lösung zu erreichen. Die verwendeten Materialparameter des Elektrolyten sind $\beta_L = 0.14\,\mathrm{l/mol}$, $D = 0.7 \cdot 10^{-9}\,\mathrm{m^2/s}$ und $\nu = 10^{-6}\,\mathrm{m^2/s}$. Daraus resultieren die Schmidt- und Rayleighzahlen $Sc = \nu/D = 1429$ und $Ra = \beta_L g c_0 H^3/(D\nu) = 10^6$.

Abb. 4.6 zeigt links die elektrodennormale Komponente des Konzentrationsgradienten an der Kathode, welche im betrachteten Grenzstromregime proportional zur Flussrate der Kupferionen und damit zur Stromdichte ist. Im stationären Regime bestimmt die Stromdichte direkt die Schichtdicke der zu erwartenden Kupfer-Abscheidung. Als erstes bemerkt man die an senkrecht orientierten Elektroden typische vertikale Variation der Stromdichte, welche bereits in Abschnitt 3 besprochen wurde (Mutschke u. a. 2010b; Wilke 1953a). Weiter erkennt man im Zentrum der Elektrode eine kreisähnliche Fläche mit einer im Vergleich zu seiner Umgebung erhöhten Flussrate. Diese Fläche widerspiegelt in etwa die Größe und auch die Position des hinter der Kathode befindlichen Magneten. Eine leichte Deformation der kreisähnlichen Fläche zu einer Ellipse mit vertikal ausgerichteter großer Hauptachse kann ausgemacht werden und ist vermutlich auf den Einfluss der Naturkonvektion zurückzuführen. Links und rechts vom Magneten treten deutliche Minima in der Flussrate zutage. Die rechte Seite von Abb. 4.6 zeigt das Ergebnis einer identischen Simulation mit dem einzigen Unterschied, dass hier die magnetische Gradientenkraft nicht in die Rechnung einbezogen wurde. Man sieht deutlich, dass die in der linken Abbildung vorhandene Strukturierung verschwunden ist. Dieses Ergebnis untermauert die oben gemachten Abschätzungen zum Verhältnis von Lorentzkraft zu Gradientenkraft und unterstreicht weiter, dass die Wirkung der Lorentzkraft auf die lokale Strömung des Elektrolyten primär azimutaler Natur ist und deshalb die Abscheiderate kaum beeinflusst. Abb.4.7 zeigt für den Fall mit Berücksichtigung der magnetischen Gradientenkraft far-

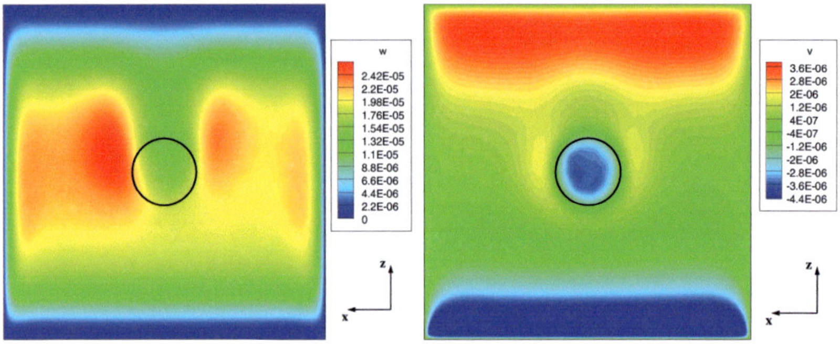

Abbildung 4.7: Vertikale Geschwindigkeit w (links) und elektrodennormale Geschwindigkeit v (rechts) (in $\mathrm{m\,s^{-1}}$) in einer vertikalen Ebene mit 0.5 mm Abstand zur Kathode. Blick von der Anode. Die Position des Magneten ist schwarz angedeutet.

bige Konturen von zwei Geschwindigkeitskomponenten in einer vertikalen Ebene mit 0.5 mm Abstand zur Kathode. Die Position des Magneten ist in schwarz angedeutet. Die vertikale Geschwindigkeit links verdeutlicht den Einfluss der Lorentzkraft. Auf der linken Seite der Elektrode sind neben der Magnetregion größere Geschwindigkeiten auszumachen als auf der gegenüberliegenden rechten Seite. Diese schwache Asymmetrie bezüglich der Mitte der Elektrode wird durch die Lorentzkraft verursacht, welche eine im Uhrzeigersinn verlaufende azimutale Konvektion um die Magnetregion antreibt. In Summe mit der aufwärts verlaufenden Naturkonvektion ergeben sich somit links vom Magneten größere vertikale Geschwindigkeiten als rechts. Im rechten Teil von Abb. 4.7 ist die wandnormale Geschwindigkeit dargestellt. Klar ist ersichtlich, dass in der Magnetregion eine auf die Elektrode zeigende wandnormale Strömung des Elektrolyten vorherrscht. Diese Strömung wird ebenfalls durch die magnetische Gradientenkraft verursacht und entspricht qualitativ dem bereits gezeigten Strömungsbild aus Abb. 4.4. Das vermutete Vorhandensein eines Staupunktes des Wandstrahles in der Mitte der kreisähnlichen Region steht hierbei wahrscheinlich im Zusammenhang zu der etwas verringerten Abscheidung im Zentrum des Magneten in Abb. 4.6. Obwohl die Naturkonvektion global die vertikale Stromdichteverteilung klar bestimmt, ist in Magnetnähe die magnetische Gradientenkraft deutlich stärker als die Auftriebskraft. Eine Abschätzung des entsprechenden dimensionslosen Parameters ergibt $R_{\nabla B} \sim 10$.

4.3.2 Vergleiche mit Experimenten

Parallel zu den diskutierten Simulationen wurden von K. Tschulik (IFW Dresden) Experimente zur Kupferabscheidung im magnetischen Gradientenfeld eines zylindrischen Permanentmagneten ausgeführt. Die Zelle besteht hier aus zwei zylindrischen Volumina

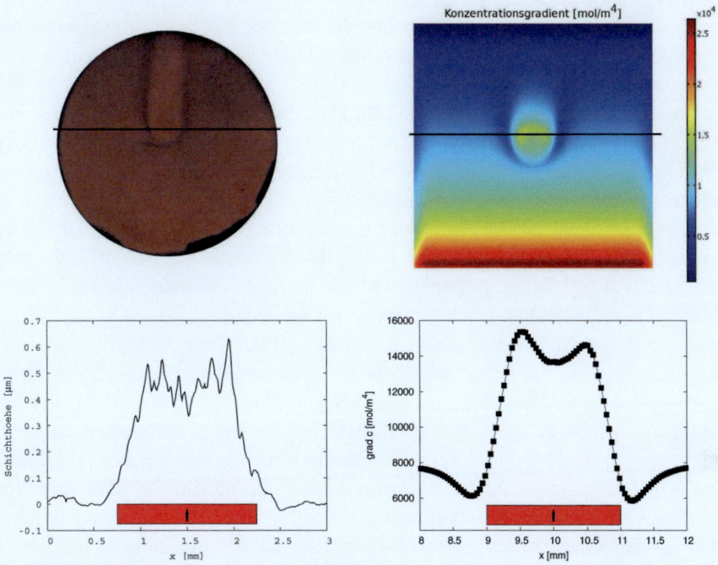

Abbildung 4.8: Links: Fotografie von K. Tschulik der an der Kathode abgeschiedenen Kupferschicht. Darunter - Höhenprofil der Kupferschicht entlang der horizontalen Linie im Zentrum der Elektrode. Rechts - Konzentrationsgradient an der Kathode aus numerischer Simulation mit erhöhter Kupferkonzentration von $c_0 = 2.8\,\mathrm{mM}$. Darunter - Verlauf von $\partial c/\partial n$ entlang der horizontalen Linie im Zentrum der Elektrode.

unterschiedlicher Durchmesser auf einer gemeinsamen horizontal liegenden Achse, die über eine Nafion-Membran verbunden sind. An den beiden vertikal orientierten kreisförmigen Stirnflächen befinden sich die Kathode (d=13 mm) und die Anode (d=28 mm). Die Kathode ist mit einer dünnen Goldschicht von 100 nm Dicke beschichtet. Im Zentrum hinter der Kathode ist im Abstand von 70 μm ein NdFeB-Magnet von 1.5 mm Durchmesser und 2 mm Länge angeordnet, welcher axial magnetisiert ist. Der wässrige Elektrolyt in der Zelle besteht aus 0.01 M $CuSO_4$ und 0.1 M Na_2SO_4 als Leitsalz. Die Abscheidungen erfolgten potentiostatisch im Grenzstromregime mit einem Potential von E=-160 mV gegenüber einer Standard-Wasserstoff-Referenzelektrode. In dem hier beschriebenen Experiment wurde eine Gesamtladung von 1300 mC umgesetzt, was etwa innerhalb von 25 min erfolgte. Für weitergehende Details zur Experimentieranordung sei auf Mutschke u. a. (2010b) verwiesen.

Obwohl sich die Kupferkonzentrationen in Experiment und vorher beschriebener Numerik um einen Faktor von etwa 19 unterscheiden, differiert die charakteristische Dicke der Konzentrationsgrenzschicht lediglich um einen Faktor von etwa zwei, da an vertikalen Elektroden der Zusammenhang $\delta_c \sim c_0^{-1/4}$ gilt (Wilke 1953a, b). Wegen Gleichung (4.9) wird das Verhältnis von magnetischer Gradientenkraft und Lorentzkraft $R_{\nabla B}/R_{MHD}$ durch die Konzentrationsunterschiede nur moderat beeinflusst, und ein qualitativer Vergleich zwi-

schen Experiment und Numerik ist möglich.
Abbildung 4.8 zeigt links eine Fotografie der an der Kathode abgeschiedenen Kupferschicht. Im Zentrum der Elektrode hinter dem Magneten ist deutlich ein Abscheidemaximum auszumachen, welches sich vertikal nach oben ausdehnt und somit eine fahnenartige Struktur bildet. Diese vertikale Ausdehnung ist deutlicher ausgebildet als in den zuvor gezeigten numerischen Simulationen (siehe Abb. 4.6) und auf Auftriebseffekte zurückzuführen. Da im Experiment eine höhere Konzentration von Kupferionen verwendet wurde, sind die charakteristischen Rayleighzahlen höher als in den Simulationen, und die Auswirkungen der Naturkonvektion sind hier stärker sichtbar. Die vertikale Ausrichtung der Abscheidestruktur untermauert weiterhin die Argumentation, dass Lorentzkräfte, welche ja zu einer Verdrehung der Abscheidestruktur führen würden, in dieser Konfiguration vernachlässigt werden können.
Abbildung 4.8 zeigt im Vergleich zum Experiment rechts das Resultat einer weiteren numerischen Simulation mit einer erhöhten Kupferkonzentration von $c_0 = 2.8\ mM$, was einer Rayleighzahl von $Ra = 5.5 \cdot 10^6$ entspricht (Mutschke u. a. 2012b). Wie erwartet ist die Ausbildung der Fahnenstruktur nun deutlicher zu sehen. Insgesamt ist die qualitative Ähnlichkeit zwischen Experiment und Numerik deutlich erkennbar. Die beiden unteren Bilder in Abb. 4.8 zeigen die zu Experiment und Simulation gehörenden Verläufe von Schichtdicke- bzw. Konzentrationsgradient an der Kathode entlang einer horizontalen Linie durch das Zentrum der Elektrode. Hierbei ist die jeweilige Breite der hinter der Elektrode liegenden Permanentmagneten rot eingezeichnet. In beiden Fällen korrespondieren die Abscheidemaxima gut mit der Position des dahinter liegenden Magneten, und auch das oben erwähnte kleine Minimum im Zentrum des Magneten findet sich wieder.

4.4 Der Einfluss von magnetischen Leitsalzen

4.4.1 Konfiguration transienter Simulationen an horizontalen Elektroden

Die bisherigen Untersuchungen betrachteten Kupferabscheidungen, bei denen im Elektrolyt keine weiteren magnetischen Ionen nennenswerter Suszeptibilität zu berücksichtigen waren. Im folgenden Abschnitt sollen Untersuchungen einbezogen werden, in denen im Elektrolyt neben den elektrisch aktiven Ionen ein weiteres magnetisches Metallion im Leitsalz vorhanden ist, wodurch interessante Auswirkungen auf die strukturierte Abscheidung entstehen. Nachfolgend wird die Abscheidung paramagnetischer Kupfer- und diamagnetischer Bismut-Ionen betrachtet.

Untersucht werden die Abscheidevorgänge in Anlehnung an im gleichen Zeitraum von Tschulik u. a. (2011b, 2009, 2011d) und Dunne u. a. (2011) durchgeführte experimentelle Untersuchungen in Elektrolysezellen mit oben befindlicher Feldgradientenkathode. In den Simulationen wird im Folgenden eine generische Anordnung untersucht, in welcher in einer zylindrischen Elektrolysezelle in geringem Abstand über dem Zentrum der Kathode lediglich ein Permanentmagnet vorhanden ist. Dieser ist in axialer Richtung magnetisiert und erzeugt so ein inhomogenes Magnetfeld im Kathodenbereich (siehe Abb. 4.9). Die Ausnutzung der Zylindersymmetrie hat den Vorteil, dass die Simulationen zweidimensional in der (r, z)-Ebene erfolgen können, da Lorentzkräfte und die durch sie verursachten primären

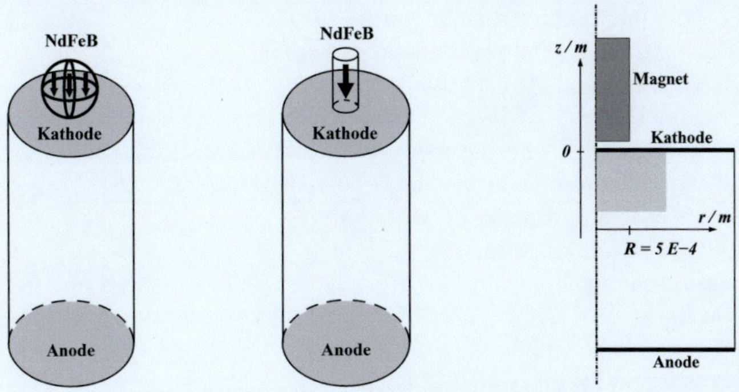

Abbildung 4.9: Schematische Darstellung der zylindrischen Elektrolysezellen mit zentral über der Kathode angeordnetem Permanentmagnet (axial magnetisiert, siehe Pfeile) in Kugelform (links) und in Zylinderform (Mitte). Rechts: Schematische Darstellung der Zelle mit einem Zylindermagnet in der (r, z)-Ebene. Eine interessante Zellregion in Kathodennähe unterhalb des Magneten ist hellgrau markiert.

azimutalen Strömungen nicht berücksichtigt werden müssen. Im Folgenden werden Abscheidungen unter dem Einfluss eines zylindrischen sowie eines kugelförmigen Magneten untersucht. Weitere Details zum Zellaufbau sind in Tabelle 4.1 zusammengefasst.

Unter potentiostatischen Bedingungen wurde der transiente Verlauf der Abscheidung von Kupferionen nach dem Einschalten der Zellspannung simuliert. Betrachtet wurde ein wässriger Elektrolyt aus Kupfersulfat und einem Leitsalz aus Mangansulfat. Die Simulationen erfolgten mit dem allgemeinen Modell aus Abschnitt 2.3.1 unter Verwendung des kommerziellen Finite-Elemente-Paketes COMSOL V.4.2 (COMSOL Inc. 2012). Im Folgenden werden hierzu lediglich die Unterschiede im Vergleich zu den bereits beschriebenen transienten Simulationen aus Abschnitt 3.2 benannt.

An der Symmetrieachse $r = 0$ kam wegen der Axialsymmetrie des Problems eine entsprechende Symmetrie-Randbedingung für die unbekannten Größen zur Anwendung. Die verwendeten Materialparameter (Daten aus Lide (2004)) sind in Tabelle 4.1 angegeben. Es wurde vereinfachend angenommen, dass beide Salze vollständig dissoziiert sind, womit sich im Elektrolyten die drei Ionenarten Cu^{2+}, Mn^{2+} und SO_4^{2-} ergeben.

Ziel der Simulationen ist das Erreichen des Grenzstromregimes bereits nach wenigen Sekunden, um die Vergleichbarkeit mit den o.g. Experimenten von K. Tschulik zu gewährleisten. Hier betrug die Abscheidedauer jeweils mehrere Minuten. Bei den ausgeführten Simulationen wurde daher eine Zellspannung von $U_{Zelle} = 0.2\,\mathrm{V}$ gewählt, wodurch das Erreichen des Grenzstromregimes nach kurzer Zeit garantiert ist (siehe unten). Um auch die Anfangsphase des Abscheidevorganges vor Erreichen des Grenzstromregimes korrekt zu modellieren, wurde als kinetische Stromdichte-Randbedingung an den Elektroden eine Butler-Volmer Beziehung verwendet (siehe Gleichungen (2.100)-(2.104)). In Ermangelung von zuverlässigen Daten aus der Literatur für die Abhängigkeit der Austauschstromdichte j_{00} von der Konzentration des Mangansulfates wurde diese durch den Wert für einen Elektrolyten mit H_2SO_4 als Leitelektrolyt modelliert, der Koschichow (2010) entnommen wurde.

Zelle: Durchmesser x Höhe [mm]	8 x 10
Abstand Magnetunterseite-Kathode [μm]	70
Radius Kugelmagnet (NdFeB) [mm]	1
Zylindermagnet (NdFeB): Durchmesser x Länge [mm]	1 x 3
Radius der Eckenabrundung (NdFeB-Zylinder) [μm]	20
Kugelradius des Gebietes zur B-Feld-Berechnung [cm]	8
$CuSO_4$-Konzentration c_1^0 [mol/dm^3]	0.01
$MnSO_4$-Konzentration c_2^0 [mol/dm^3]	0.1
Zellspannung U_{Zelle} [V]	0.2
Dichte ρ_0 [10^3 kg/m^3]	1.01434
Temperatur T [K]	293
kinemat. Viskosität ν [10^{-6} m^2/s]	1.0575
Diffusionskoeffizient (Cu^{2+}) D_1 [10^{-9} m^2/s]	0.714
Diffusionskoeffizient (Mn^{2+}) D_2 [10^{-9} m^2/s]	0.712
Diffusionskoeffizient (SO_4^{2-}) D_3 [10^{-9} m^2/s]	1.065
Auftriebskoeffizient β_{CuSO_4} [10^{-5} m^3/mol]	16.25
Auftriebskoeffizient β_{MnSO_4} [10^{-5} m^3/mol]	14.23
Molares Volumen von Kupfer V_M [10^{-6} m^3/mol]	7.11
Remanente Induktion der NdFeB-Magneten B_{rem} [T]	1.2
anodischer Transferkoeffizient α_a	1.5
kathodischer Transferkoeffizient α_c	0.5
Kinetik-Exponent γ	0.42
Austauschstromdichte j_{00} [A/m^2]	3.807

Tabelle 4.1: Geometrie- und Materialdaten der zylindrischen Elektrolysezellen sowie der NdFeB-Magneten.

Die Remanenz der NdFeB-Magneten ist als $B_{rem} = \mu_0 M_{rem}$ definiert, der angegebene Wert für NdFeB von $B_{rem} = 1.2$ T wurde Fa. IBS Magnet (2012) entnommen. In Annäherung an reale experimentelle Gegebenheiten wurden die beiden kreisförmig verlaufenden Kanten des zylindrischen Magneten geringfügig abgerundet (siehe Tab. 4.1). Dies hat den positiven Nebeneffekt, dass die hier auftretenden Feldsingularitäten vermieden werden. Zur Berechnung des Magnetfeldes wird die Zelle in eine wesentlich größere Domäne eingebettet, an deren Rändern das Verschwinden der Normalableitung des Magnetfeldes gefordert wird. Die Vernetzung wurde in den magnetnahen Regionen mit hohen magnetischen Feldstärken und starken Feldgradienten entsprechend verfeinert. Validierungsuntersuchungen insbesondere im Hinblick auf die Genauigkeit der Magnetfeldberechnung und deren Gradienten im kathodennahen Gebiet führten zu der in Tabelle 4.1 angegebenen Domänengröße für die Magnetfeldberechnung, die den Simulationen als separater Preprozessing-Schritt vorgeschaltetet wurde. Die in den Simulationen insgesamt verwendeten unstrukturierten Dreiecksgitter mit entsprechenden Verfeinerungen in den kritischen Regionen bestanden so aus ca. 150.000 Elementen bei minimalen Elementgrößen von 3 μm im kathodennahen Bereich unter dem Magneten.

Neben der magnetischen Gradientenkraft ist die Auftriebskraft in der Navier-Stokes-Gleichung zu berücksichtigen. Diese ergibt sich aus den Anteilen der beiden beteiligten

Salze gemäß der Beziehung

$$\mathbf{f}_A = -g\rho_0 \left[\beta_{CuSO_4}(c_1 - c_1^0) + \beta_{MnSO_4}(c_2 - c_2^0)\right] \mathbf{e}_z, \tag{4.10}$$

wobei Spezies 1 und 2 die Ionenarten Cu^{2+} und Mn^{2+} bezeichnen. Die magnetische Suszeptibilität der zur Anwendung kommenden Metallionen (Cu^{2+}, Mn^{2+}, Bi^{3+}) kann Tabelle 2.1 entnommen werden. Die sehr geringe magnetische Suszeptibilität der Sulfationen wurde in den Simulationen vernachlässigt (Coey u. a. 2007). In Tabelle 4.1 ist ebenfalls das molare Volumen von festem Kupfer angegeben; der Wert wird zur Berechnung der Dicke der abgeschiedenen Schichten benötigt.
In den folgenden Abschnitten werden mit diesem Modell Abscheidungen von Cu^{2+}- und Bi^{3+}-Ionen in unterschiedlichen Leitsalzen, insbesondere in Bezug auf deren magnetische Eigenschaften, modelliert. Um die Vergleichbarkeit bei der Abscheidung in anderen Elektrolytkombinationen zu gewährleisten, werden im Folgenden die nichtmagnetischen Materialparameter des Elektrolyten aus Tabelle 4.1 nicht geändert. Lediglich die magnetische Suszeptibilität der beteiligten Metallionen wird an die realen Gegebenheiten angepasst, um die hier interessierenden Effekte in Bezug auf die magnetische Gradientenkraft zu modellieren. Trotz dieser Vereinfachung gegenüber realen Experimenten (so wird in Tschulik u. a. (2009) aus Löslichkeitsgründen $Bi(NO_3)_3$ statt $Bi_2(SO_4)_3$ im Elektrolyt verwendet) sind somit qualitative Aussagen für verschiedene Elektrolytkombinationen möglich. Die folgenden Ergebnisse beziehen sich zunächst auf Abscheidungen unter Verwendung eines zylindrischen Permanentmagneten.

4.4.2 Strukturierte Kupfer-Abscheidung

Um als Referenz für die folgenden Untersuchungen eine reine Kupferabscheidung in einem nicht magnetischen Leitsalz zu simulieren, wurde zunächst die magnetische Suszeptibilität der Manganionen zu Null gesetzt.
Abbildung 4.10 zeigt oben den zeitlichen Verlauf der Konzentration der Kupferionen an verschiedenen Punkten der Kathode. Es gibt nur verschwindend geringe Unterschiede im Zeitverhalten. Bei der hier angelegten Zellspannung von $U_{zell} = 0.2\,\mathrm{V}$ wird das Grenzstromregime nach ca. 10 s erreicht, wie in der rechten Abbildung mit logarithmischer Zeitachse zu erkennen ist. Im unteren Bereich der Abbildung ist der zeitliche Verlauf der Stromdichte an verschiedenen Punkten der Kathode dargestellt. Hier treten deutliche Unterschiede auf. So ist insbesondere die Stromdichte auf der Symmetrieachse bei $r = 0$ nach dem Erreichen des Grenzstromregimes bei $t = 10\,\mathrm{s}$ größer als an den anderen dargestellten Orten der Kathode (links).
In dem hier untersuchten Fall mit oben liegender Kathode ist bei Abwesenheit der magnetischen Gradientenkraft eine stabile Dichteschichtung zu erwarten, in welcher die Auftriebskräfte zunächst keine Strömung verursachen. Für einen reinen Diffusionsprozess im Grenzstromregime (Randbedingung $c_1 = 0$ an der Kathode) gilt damit näherungsweise die Cottrell-Gleichung (Hamann und Vielstich 1998)

$$j(t) = \frac{nF\sqrt{D}c_0}{\sqrt{\pi t}} \tag{4.11}$$

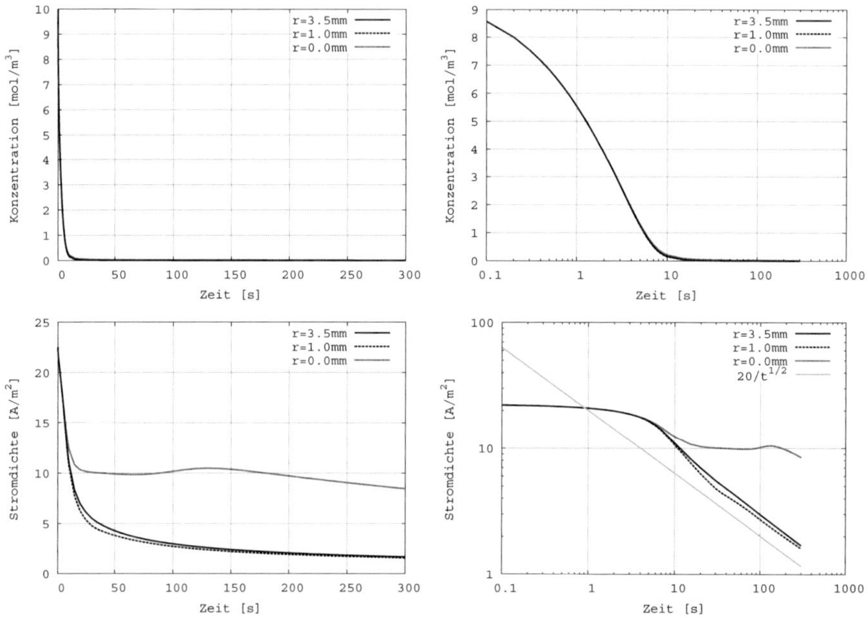

Abbildung 4.10: Oben: Zeitlicher Verlauf der Konzentration der Kupferionen an verschiedenen Punkten der Kathode (Rechts - logarithmische Zeitachse). Unten: Zeitlicher Verlauf der Stromdichte an verschiedenen Punkten der Kathode (Rechts - logarithmische Zeitachse). Zusätzlich rechts - Zeitverhalten $\sim t^{-1/2}$.

mit einem Zeitverhalten $\sim t^{-1/2}$ der Stromdichte. Mit $D = D_{Cu^{2+}}$ würde man $j(t) \approx 34.4\ \mathrm{As}^{1/2}/\mathrm{m}^2 \cdot t^{-1/2}$ erwarten. Aus der doppelt-logarithmischen Darstellung der Stromdichte über der Zeit (rechts) erkennt man jedoch, dass für $t > 10\,\mathrm{s}$ auf der Symmetrieachse bei $r = 0$ deutliche Abweichungen von diesem Verhalten auftreten, die auf konvektive Effekte hindeuten. Erst gegen Ende des Abscheideprozesses bei $t > 200\,\mathrm{s}$ setzt sich das diffusive Verhalten auch hier durch. Abbildung 4.11 zeigt den Zeitverlauf der Konzentration der Kupferionen sowie der Geschwindigkeit des Elektrolyten in einem Teil des Rechengebietes unterhalb der Kathode in der Nähe des Magneten. Bereits 10 s nach Start der Elektrolyse hat sich das von den vorherigen Untersuchungen bekannte Konvektionsmuster eines zur Kathode strömenden Prallstrahles herausgebildet. Erste leichte Inhomogenitäten in der radialen Verteilung der Konzentrationsgrenzschicht sind zu erkennen. Im Zeitverlauf bis zum Endpunkt der Simulation bei $t = 300\,\mathrm{s}$ bleibt das Konvektionsmuster in Elektrodennähe qualitativ erhalten, und die in Magnetnähe verringerte Dicke der Konzentrationsgrenzschicht ist deutlich sichtbar. Das generelle Anwachsen der Dicke der Konzentrationsgrenzschicht führt im Zeitverlauf jedoch zu einem Abschwächen der Konvektion, da die Wirkung der magnetischen Gradientenkräfte geringer wird. Abbildung 4.12 zeigt oben links die Wirbelstärke in einem Ausschnitt des Rechengebietes direkt unter dem Magnet zu Beginn des Abscheideprozesses bei $t = 5\,\mathrm{s}$.

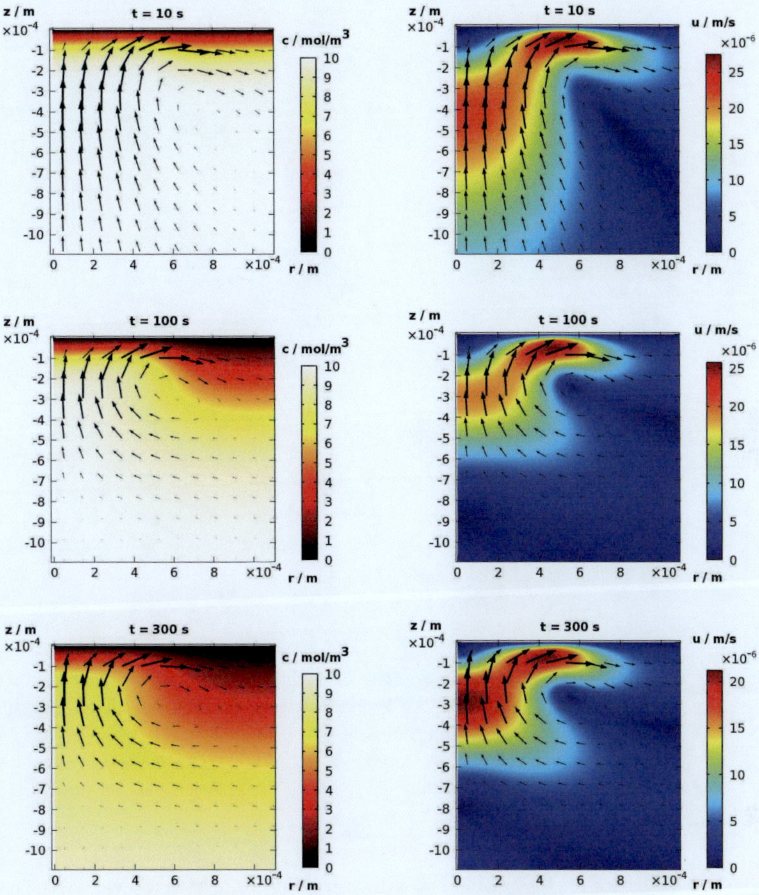

Abbildung 4.11: Konzentration der Kupferionen (links) und Betrag der Geschwindigkeit des Elektrolyten (rechts) in der Nähe der Kathode im Verlauf der Abscheidung bei $t = 10,\ 100,\ 300\,s$ an einer horizontalen Elektrode mit einem zylindrischen NdFeB-Magneten von 1 mm Durchmesser. Dargestellt ist die (r, z)-Ebene.

Man sieht deutlich, dass die magnetische Gradientenkraft in einem kleinen Gebiet in Kathodennähe um $r \approx R_{Magnet} = 5\,\text{mm}$ Wirbelstärke erzeugt und somit den Elektrolyten radial nach außen beschleunigt (siehe überlagerte Vektoren der Geschwindigkeit). Im Bild oben rechts sind entlang einer vertikalen Linie bei $r = R_{Magnet} = 5\,\text{mm}$ die Wirbelstärke sowie die Komponenten der Geschwindigkeit zum selben Zeitpunkt aufgetragen. Die radiale Geschwindigkeitskomponente dominiert gegenüber der vertikalen Komponente und weist ein Maximum bei $z \approx -0.06\,\text{mm}$ auf. In den zwei Abbildungen darunter ist der zeitliche Verlauf der beiden Geschwindigkeitskomponenten entlang der gewählten

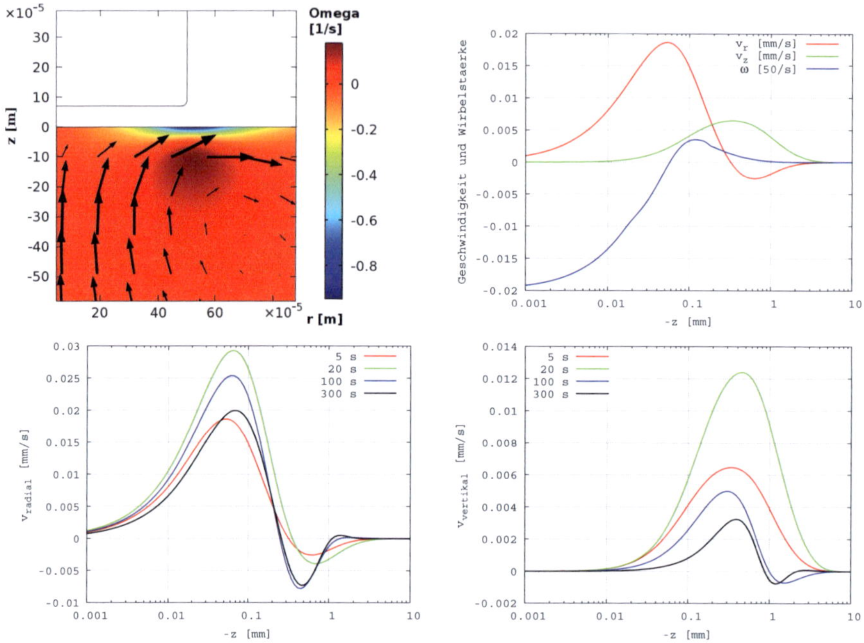

Abbildung 4.12: Oben links: Wirbelstärke in einem Ausschnitt des Rechengebietes unter dem Magnet mit Geschwindigkeitsvektoren bei $t = 5\,\mathrm{s}$. Sonst: vertikale Verläufe von Wirbelstärke und den Komponenten der Geschwindigkeit bei $r = R_{Magnet} = 5\,\mathrm{mm}$. Oben rechts: $t = 5\,\mathrm{s}$. Unten: Verlauf der Geschwindigkeitskomponenten zu verschiedenen Zeitpunkten.

vertikalen Linie dargestellt. Die radiale Geschwindigkeit erreicht nach ca. 20 s ein Maximum von etwa 0.03 mm/s und klingt sodann im Zeitverlauf ab, wobei sich die Lage des Maximums nur geringfügig nach außen verschiebt. Das entsprechende Maximum der vertikalen Geschwindigkeit ist fast eine Größenordnung weiter von der Kathode entfernt ($z \approx -0.5\,\mathrm{mm}$), die maximale Geschwindigkeit beträgt hier nur etwa 0.012 mm/s. Der zeitliche Verlauf der an der Kathode abgeschiedenen Kupferschicht sowie der Stromdichte an der Kathode ist in Abb. 4.13 dargestellt. Deutlich ist die Herausbildung der bereits im vorangegangen Abschnitt diskutierten Abscheidestruktur über dem Magneten zu erkennen. Im Zeitverlauf ist einhergehend mit dem Anwachsen der Dicke der Konzentrationsgrenzschicht und der daraus folgenden Abschwächung der lokalen Konvektion eine leichte Tendenz zum Verschmieren der Abscheidestruktur auszumachen. Unter der Annahme, dass die wandnormalen Gradienten der Konzentration gegenüber den entsprechenden radialen Komponenten im Zeitverlauf dominant bleiben, sind für den Rotationsanteil der Gradientenkraft weiterhin entsprechend Gleichung (4.6) nur die radialen Ableitungen der magnetischen Flussdichte maßgeblich (siehe auch Abschnitt 4.4.5). Diese weisen mit wachsendem Abstand vom Zylinder immer geringere Anstiege auf und nehmen mehr und mehr

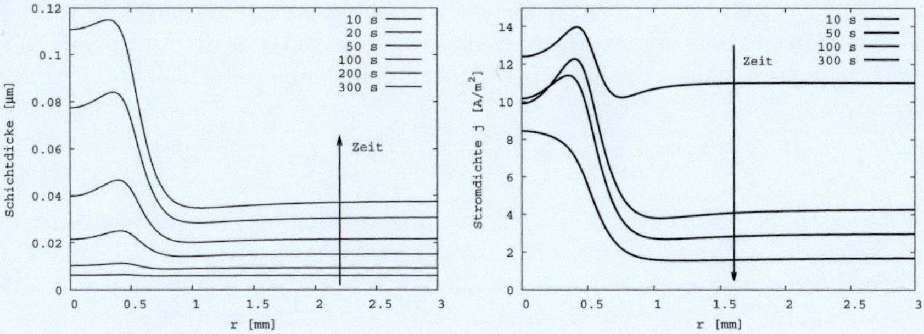

Abbildung 4.13: Zeitlicher Verlauf der radialen Verteilung der an der Kathode abgeschiedenen Kupferschicht (links) und der Stromdichte an der Kathode (rechts).

den Verlauf des Fernfeldes eines magnetischen Dipols an, womit die Information über den Durchmesser des Magneten verloren geht. Der radiale Verlauf der magnetischen Flussdichte in verschiedenen Abständen von der Kathode ist in Abb. 4.14 links dargestellt. Rechts wird der Term $B\,\partial B/\partial r$ gezeigt, der dem näherungsweisen Ausdruck der Rotation der Kelvinkraft (4.6) entnommen wurde. Hieraus erkennt man deutlich den Zusammenhang zur oben beobachteten elektrodenparallelen Beschleunigung in der Nähe von $r = R_{Magnet}$.

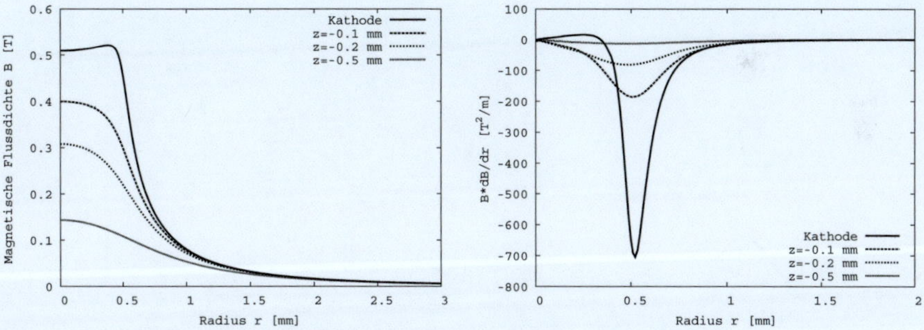

Abbildung 4.14: Radialer Verlauf des Betrages der magnetischen Flussdichte B (links) sowie des Ausdrucks $B\,\partial B/\partial r$ (rechts) für den zylindrischen NdFeB-Magneten nahe der Kathode.

4.4.3 Inverse Kupfer-Strukturierung

Im nun diskutierten Fall wird die korrekte magnetische Suszeptibilität der stark paramagnetischen Mn^{2+}-Ionen berücksichtigt. Obwohl die Mn^{2+}-Ionen an der elektrochemischen

Reaktion nicht teilnehmen („inert“), können Konzentrationsveränderungen von vornherein nicht ausgeschlossen werden. Daher ergibt sich für die Rotation der Kelvinkraft im Fall zweier magnetischer Ionen aus Formel (4.4) für den hier betrachteten Fall der Ausdruck

$$\nabla \times \mathbf{f}_m = \frac{1}{2\mu_0} \left[\chi^{mol}_{Cu^{2+}} \nabla c_{Cu^{2+}} + \chi^{mol}_{Mn^{2+}} \nabla c_{Mn^{2+}}\right] \times \left(\nabla B^2\right) \tag{4.12}$$

Aus Gründen der elektrischen Neutralität des Elektrolyten im Zusammenspiel mit dem Verschwinden des Flusses der inerten Spezies an den Elektroden ergibt sich bei der Abscheidung von Kupfer in der Regel eine Zunahme der Mangan-Konzentration in der Nähe der Kathode. Im Fall einer endlichen Mangan-Beigabe kann dieser Anstieg meist nicht exakt bestimmt werden. Im Fall einer hohen Konzentration (Leitsalz mit Mangan-Ionen im Überschuss) kann man nach Wagner (1949) (die Ableitung ist ausführlicher im Abschnitt 2.1.6 dargestellt) folgende Abschätzung treffen:

$$\frac{c_0^{Mn^{2+}}}{c_0^{Cu^{2+}}} \gg 1 \quad \rightarrow \quad \frac{\nabla c^{Mn^{2+}}}{\nabla c^{Cu^{2+}}} = -\frac{1}{2} \quad \rightarrow \quad \frac{\chi^{mol}_{Cu^{2+}} \nabla c_{Cu^{2+}} + \chi^{mol}_{Mn^{2+}} \nabla c_{Mn^{2+}}}{\chi^{mol}_{Cu^{2+}} \nabla c_{Cu^{2+}}} \approx -5. \tag{4.13}$$

Das Verhalten der Konzentrationsänderungen $\Delta c = c - c_0$ der beiden Ionenarten ist in Abb. 4.15 links skizziert und wird rechts zu verschiedenen Zeitpunkten als Ergebnis der Simulation dargestellt. Eine Auswertung des Anstiegs der Kurven an der Kathode zeigt bei dem hier verwendeten Verhältnis der Konzentrationen von 1:10 bereits eine sehr gute Übereinstimmung mit dem theoretisch ermittelten Wert von -1/2. Wertet man nun den

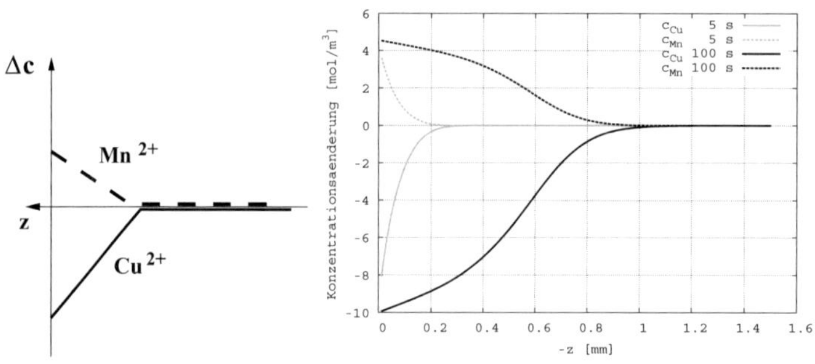

Abbildung 4.15: Links: Schematische Darstellung der Konzentrationsänderungen von Cu^{2+} und Mn^{2+}-Ionen nahe der Kathode. Rechts: Konzentrationsänderungen dieser Ionen entlang der Symmetrieachse ($r = 0$) 5 s und 100 s nach Beginn der Elektrolyse (Elektrolyt: 0.01 M $CuSO_4$ + 0.1 M $MnSO_4$).

Vorfaktor im Rotationsanteil aus (Gl. 4.13 rechts), so erkennt man, dass der Rotationsanteil der Kelvin-Kraft nicht nur das Vorzeichen wechselt, sondern auch betragsmäßig an Stärke gewinnt. Aus dem Vorzeichenwechsel kann auf eine Umkehr der lokalen Konvektionsrichtung geschlossen werden, welche in Abbildung 4.16 schematisch dargestellt ist.
In einem Elektrolyten mit gegebener Cu^{2+}-Konzentration kann die kritische Konzentration „x“ der Mn^{2+}-Ionen, bei welcher die Rotation der Kelvin-Kraft verschwindet, wie

folgt abgeschätzt werden. Aus Gleichung (4.12) ergibt sich mit den Werten der molaren magnetischen Suszeptibilitäten aus Tabelle 2.1

$$\frac{\chi^{mol}_{Cu^{2+}}}{\chi^{mol}_{Mn^{2+}}} = -\frac{\nabla c_{Mn^{2+}}}{\nabla c_{Cu^{2+}}} \approx 0.086 \tag{4.14}$$

Dies deutet bereits auf sehr kleine kritische Mn^{2+}-Konzentrationen hin. Das Verhältnis der Konzentrationsgradienten erhält man, indem man aus den Gleichungen (2.46) und (2.46) die Stromdichte eliminiert. Für den hier untersuchten Elektrolyten folgt unter Ausnutzung der elektrischen Neutralität

$$-\frac{\nabla c_{Mn^{2+}}}{\nabla c_{Cu^{2+}}} = \frac{c_{Mn^{2+}}}{c_{Cu^{2+}} + 2c_{Mn^{2+}}} \tag{4.15}$$

Hierbei bezeichnen die Konzentrationen die Werte an der Elektrode, die im Allgemeinen unbekannt sind. Im Grenzstromregime folgt theoretisch immer wegen $c_{Cu^{2+}} = 0$ die Dominanz der Mangan-Ionen in Gleichung (4.13). Nimmt man an, dass im ladungskontrollierten Regime die Konzentrationen an der Elektrode näherungsweise den Elektrolytkonzentrationen der Ionen entspricht, so folgt hieraus mit der Definition $c^0_{Mn^{2+}} = x\, c^0_{Cu^{2+}}$

$$\frac{c^0_{Mn^{2+}}}{c^0_{Cu^{2+}} + 2c^0_{Mn^{2+}}} = \frac{x}{1+2x} \approx 0.086 \tag{4.16}$$

Man erhält das Mischungsverhältnis

$$x = \frac{c^0_{Mn^{2+}}}{c^0_{Cu^{2+}}} \approx 0.1 \tag{4.17}$$

Somit genügt bei vorgegebener Cu^{2+}-Konzentration voraussichtlich die Zugabe einer relativ geringen Konzentration von Mn^{2+}-Ionen, um den Charakter der Abscheidung wesentlich zu beeinflussen.

Mit einem Leitsalz aus Mangan-Ionen wird die Umkehr der Konvektionsrichtung zu einem

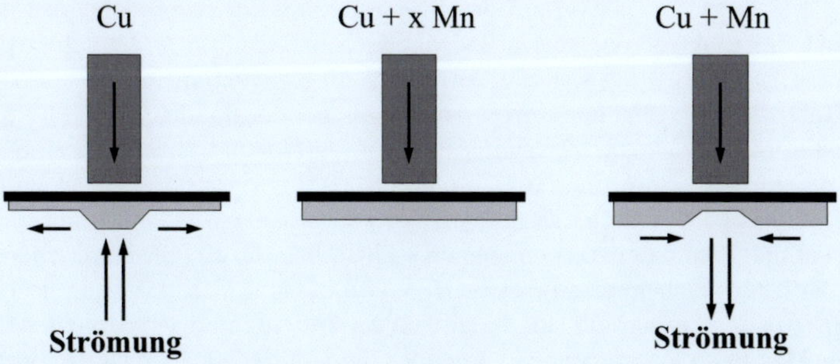

Abbildung 4.16: Schematische Darstellung der Konvektion bei der Abscheidung von Kupfer unter Zusatz inerter Mangan-Ionen in unterschiedlicher Konzentration (nach rechts zunehmend, siehe Text).

Anwachsen der Kupfer-Konzentrationsschicht über dem magnetischen Element führen, da

Elektrolyt geringer Kupferkonzentration aus der Konzentrationsgrenzschicht elektrodenparallel an das magnetische Element heranströmt und dort sodann wandnormal abströmt (Mutschke u. a. 2012a). Die aus Gründen der Kontinuität notwendige Zufuhr von Elektrolyt zur Elektrode kann zu geringfügig dünneren Konzentrationsgrenzschichten in gewisser Entfernung von dem magnetischen Element führen.

Abbildung 4.17 zeigt den zeitlichen Verlauf der Stromdichte an verschiedenen Punkten

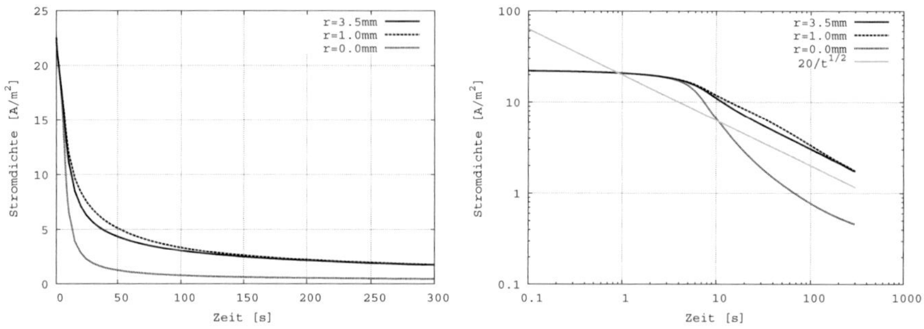

Abbildung 4.17: Zeitlicher Verlauf der Stromdichte an verschiedenen Punkten der Kathode (Rechts - logarithmische Zeitachse). Zusätzlich rechts - Zeitverhalten $\sim t^{-1/2}$.

der Kathode. Wie im vorher untersuchten Fall mit unmagnetischem Metallion des Leitsalzes zeigt nach einer Anlaufzeit von ca. 10 s die Stromdichte neben dem Magneten das bereits diskutierte $t^{-1/2}$-Verhalten. Die Stromdichte auf der Symmetrieachse bei $r = 0$ klingt jedoch schneller ab, d.h. es ergeben sich niedrigere Stromdichten am Magneten, die auf einen inversen Strukturierungseffekt schließen lassen. Im Vergleich zum oben untersuchten einfachen Fall der Kupferabscheidung ($\chi^{mol}_{Mn^{2+}} = 0$) (siehe Abb. 4.10) kann man aus dem zeitlichen Verlauf der Stromdichte auf einen betragsmäßig etwas geringeren Strukturierungseffekt schließen.

Abbildung 4.18 zeigt den Zeitverlauf der Konzentration der Kupferionen sowie der Geschwindigkeit des Elektrolyten im Kathodenbereich unterhalb des Magneten. Bereits 5 s nach Start der Elektrolyse hat sich das vorhergesagte Konvektionsmuster eines vom Zentrum der Kathode senkrecht abströmenden Strahls herausgebildet, und erste leichte Inhomogenitäten in der radialen Verteilung der Konzentrationsgrenzschicht sind zu erkennen. Diese verstärken sich im weiteren Zeitverlauf, da das Konvektionsmuster in Elektrodennähe erhalten bleibt. Durch das generelle Anwachsen der Konzentrationsgrenzschicht im Zeitverlauf und dem damit verbundenen Abschwächen der Kelvin-Kraft sind erste Einflüsse des Auftriebs zu bemerken. Bei bei $t = 20$ s beginnt sich das Konvektionsmuster in größerem Abstand unterhalb des Magneten zu ändern, und es entsteht eine schwache auf den Magneten zuströmende Bewegung, die von der abströmenden Bewegung in Elektrodennähe radial nach außen umgelenkt wird. Diese ist bei $t = 50$ s deutlich zu erkennen. Die Ursache hierfür liegt in den Auftriebskräften, die ab einer gewissen Entfernung von der Elektrode stärker als die magnetischen Gradientenkräfte werden. Unabhängig von den elektrodenfernen langsamen Strömungen wird das elektrodennahe Strömungsverhalten durch den Auftrieb zu den hier untersuchten Zeiten $t \leq 300$ s nur geringfügig modifiziert, und die inverse Strukturierung setzt sich im Zeitverlauf fort. Bemerkt sei,

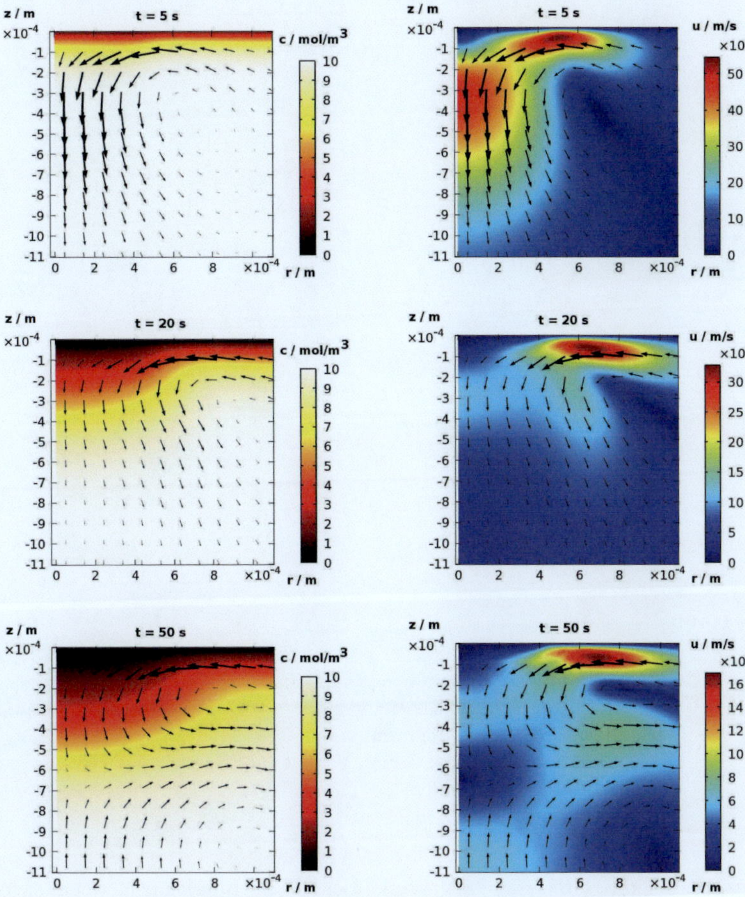

Abbildung 4.18: Kupferabscheidung im stark paramagnetischen Mn^{2+}-Leitsalz. Konzentration der Kupferionen und Geschwindigkeit des Elektrolyten in der Nähe der Kathode im Verlauf der Abscheidung bei $t = 5,\ 20\ 50\,\mathrm{s}$ an einer horizontalen Elektrode mit einem NdFeB-Magneten von 1mm Durchmesser. Dargestellt ist die (r, z)-Ebene.

dass eine entsprechende Simulation unter Vernachlässigung der Auftriebskräfte die hier beschriebene elektrodenferne Konvektion nicht aufweist und das anfängliche Strömungsmuster im Zeitverlauf qualitativ erhalten bleibt. Interessant ist noch festzustellen, dass die hier beobachteten maximalen Geschwindigkeiten wesentlich geringer sind als im oben betrachteten Fall der Kupferabscheidung.

Abbildung 4.19 zeigt oben links die Wirbelstärke des Elektrolyten in einem Ausschnitt des Rechengebietes unter dem Magneten. Deutlich ist das Herausbilden einer dünnen

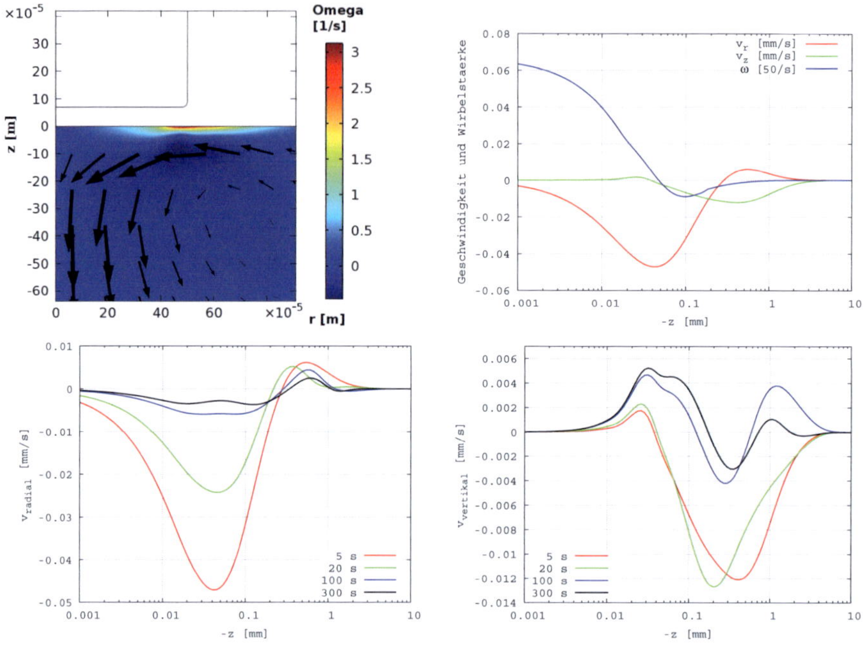

Abbildung 4.19: Oben links: Wirbelstärke in einem Ausschnitt des Rechengebietes unter dem Magnet mit Geschwindigkeitsvektoren bei $t = 5\,\mathrm{s}$. Sonst: vertikale Verläufe von Wirbelstärke und den Komponenten der Geschwindigkeit bei $r = R_{Magnet} = 5\,\mathrm{mm}$. Oben rechts: $t = 5\,\mathrm{s}$. Unten: Verlauf der Geschwindigkeitskomponenten zu verschiedenen Zeitpunkten.

Schicht von Wirbelstärke nahe der Magnetecke bei $t = 5\,\mathrm{s}$ zu erkennen, wobei sich nun im Vergleich zum oben betrachteten Fall der einfachen Kupferabscheidung das Vorzeichen der Wirbelstärke umgekehrt hat. Der Verlauf der Wirbelstärke sowie der Geschwindigkeitskomponenten entlang eines vertikalen Schnittes im Rechengebiet unterhalb der Magnetkante bei $r = 0.5\,\mathrm{mm}$ ist in der daneben liegenden Abbildung zu sehen. Die radiale Geschwindigkeit erreicht zu diesem Zeitpunkt bereits ca. $0.05\,\mathrm{mm/s}$ und ist zur Symmetrieachse hin gerichtet. In den darunter liegenden beiden Abbildungen sind die vertikalen Verläufe beider Geschwindigkeitskomponenten zu verschiedenen Zeitpunkten dargestellt. Wieder dominiert die radiale Komponente gegenüber der vertikalen Komponente der Geschwindigkeit und weist ebenfalls ein Maximum bei $z \approx -0.06\,\mathrm{mm}$ auf. Die radiale Geschwindigkeit ist bei $t = 5\,\mathrm{s}$ bereits maximal und klingt anschließend im Zeitverlauf ab. Dieses im Unterschied zum einfachen Fall der Kupfer-Abscheidung modifizierte Zeitverhalten könnte im Zusammenhang mit der Wirkung der Auftriebskräfte stehen. Das Maximum der vertikalen Geschwindigkeitskomponente verbleibt im Zeitverlauf bei etwa $z \approx -0.5\,\mathrm{mm}$. In größerem Abstand von der Elektrode ergeben sich weitere kleinere Maxima der Geschwindigkeitskomponenten, die auf die Rezirkulationsbewegung in der elektrochemischen Zelle zurückzuführen sind.

Der zeitliche Verlauf der an der Kathode abgeschiedenen Kupferschicht sowie der Strom-

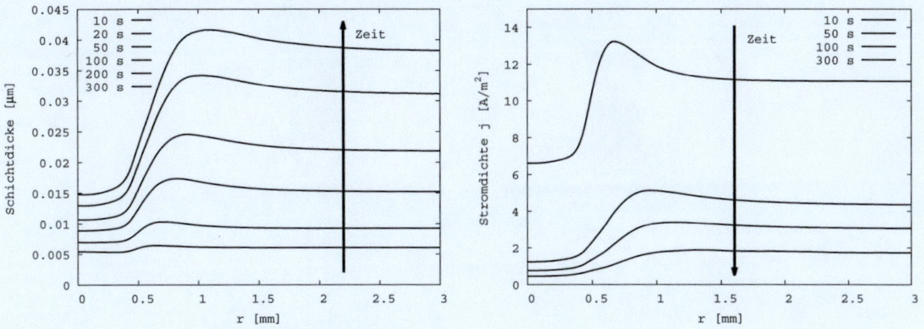

Abbildung 4.20: Zeitlicher Verlauf der radialen Verteilung der an der Kathode abgeschiedenen Kupferschicht (links) und der Stromdichte an der Kathode (rechts).

dichte an der Kathode ist in Abb. 4.20 dargestellt. Deutlich ist die Herausbildung der inversen Abscheidestruktur über dem Magneten zu erkennen. Im Zeitverlauf findet eine Aufweitung der inversen Strukturierung statt, da sich mit wachsender Schichtdicke die mittleren radialen Magnetfeldgradienten abschwächen, in Analogie zum bereits diskutierten einfachen Fall der Kupfer-Abscheidung. Weiterhin entsteht ein schwaches Maximum der Schichtdicke am Außenrand der inversen Struktur. Am Verlauf der Stromdichte erkennt man, dass im hier dargestellten Cu-Mn-Fall ein schnelleres Abklingen des Strukturierungseffektes im Zeitverlauf als im einfachen Cu-Fall zu beobachten ist.

4.4.4 Strukturierte Abscheidung diamagnetischer Ionen

Diamagnetische Ionen wie z.B. Bismut-Ionen (Bi^{3+}) besitzen eine negative magnetische Suszeptibilität und sollten sich daher mittels magnetischer Gradientenkräfte prinzipiell ebenfalls strukturiert abscheiden lassen. Jedoch ist der Betrag ihrer magnetischen Suszeptibilität sehr viel kleiner als der der oben diskutierten paramagnetischen Ionen (siehe Tabelle 2.1). Wahrscheinlich aus diesem Grund konnte in den bisherigen Experimenten eine messbare strukturierte Abscheidung diamagnetischer Ionen aus einfachen Elektrolyten noch nicht beobachtet werden. Folgt man jedoch den bisherigen Überlegungen für das Cu – Mn-System, so kann man hieraus ableiten, dass durch die Zugabe inerter stark paramagnetischer Ionen der inverse Strukturierungseffekt diamagnetischer Ionen ebenfalls verstärkt werden sollte. Im Fall von Bi^{3+}- und Mn^{2+}-Ionen gilt dann entsprechend Formel (4.12)

$$\nabla \times \mathbf{f}_m = \frac{1}{2\mu_0} \left[\chi^{mol}_{Bi^{2+}} \nabla c_{Bi^{2+}} + \chi^{mol}_{Mn^{2+}} \nabla c_{Mn^{2+}} \right] \times \left(\nabla B^2 \right) \tag{4.18}$$

Im Unterschied zur Abscheidung paramagnetischer Kupfer-Ionen addieren sich wegen der entgegengesetzten Vorzeichen der magnetischen Suszeptibilitäten der Ionen von Bismut und Mangan jedoch die Beiträge der beiden Ionenarten zur Rotation der Kelvin-Kraft.

Als Konsequenz wird der diamagnetische Effekt verstärkt, wodurch eine deutlichere und damit experimentell messbare inverse Strukturierung erreicht werden kann. Abbildung

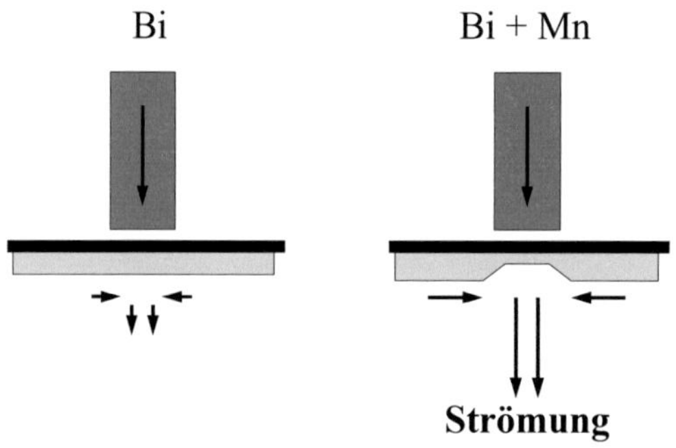

Abbildung 4.21: Schematische Darstellung der Konvektion bei der Abscheidung von Bismut ohne (links) und mit (rechts) stark paramagnetischen Mangan-Ionen im Leitsalz.

4.21 zeigt schematisch das zu erwartende Konvektionsmuster sowie den inversen Strukturierungseffekt. Um den Vergleich mit den bisher durchgeführten Rechnungen zu gewähr-

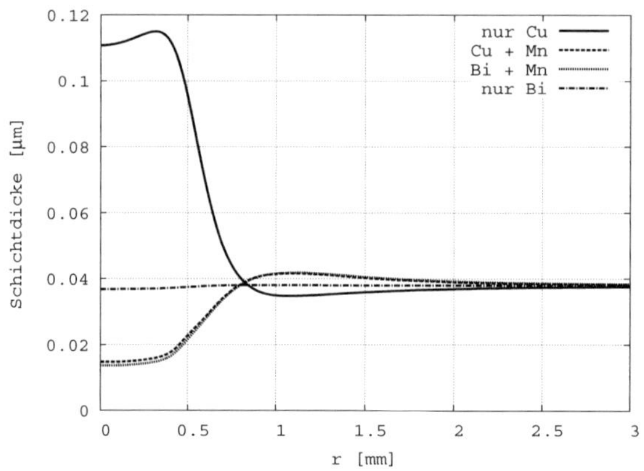

Abbildung 4.22: Zusammenfassende Darstellung der nach 300 s abgeschiedenen Kupfer- bzw. Bismutschichten in magnetisch unterschiedlichen Leitsalzen

leisten, wird die Abscheidung von Bismut modelliert, indem lediglich die Suszeptibilität der Kupferionen durch die der Bismut-Ionen ersetzt wird. Sodann werden analog zur oben betrachteten Kupferabscheidung die beiden Fälle eines unmagnetischen Leitsalzes und eines Leitsalzes mit stark paramagnetischen Mn^{2+}-Ionen simuliert. Das Endergebnis der so nach 300 s abgeschiedenen Bismut-Schichten sowie der bereits diskutierten beiden Varianten der Kupferabscheidung ist in Abb. 4.22 zusammengefasst. Wie erwartet zeigt

der Fall reinen Bismuts aufgrund des sehr geringen Betrages der magnetischen Suszeptibilität nach $t = 300\,\mathrm{s}$ einen nur schwachen inversen Strukturierungseffekt. Mit stark paramagnetischen Manganionen im Leitsalz wird der inverse Strukturierungseffekt deutlich verstärkt und übertrifft sogar den oben diskutierten Fall der inversen Kupferabscheidung mit Manganionen im Leitsalz geringfügig bezüglich der Stärke der Strukturierung. Dies unterstreicht, dass der Hauptanteil der inversen Strukturierung auf die Wirkung der inerten Manganionen zurückzuführen ist. Aufgrund der großen Ähnlichkeit dieses Falles zum bereits diskutierten Fall der inversen Kupferabscheidung wird auf eine ausführlichere Diskussion verzichtet.
Zur weiteren Illustration der inversen Strukturierung sei an dieser Stelle von Experimenten von Tschulik u. a. (2011d) berichtet. Die Abscheidung fand in zylindrischen Zellen mit oben angeordneter Kathode (Durchmesser 13 mm) statt. Hinter der Elektrode befand sich in Harz eingegossen ein Templat aus 21 axial orientierten Eisendrähten (schematische Darstellung mit nur einem Draht siehe Abb. 4.9 rechts) von jeweils 1 mm Durchmesser und 3 mm Länge. Ein axial gerichtetes homogenes Magnetfeld von 500 mT wurde zur Magnetisierung der Drähte verwendet. Der Elektrolyt setzte sich aus 0.01 M $Bi(NO_3)_3$ + 0.09 M $MnSO_4$ + 0.1 M HNO_3 zusammen. Im Grenzstromregime (140 mV vs. SHE) wurde eine Ladung von 400 mC abgeschieden. Abb. 4.23 zeigt links eine Fotografie der Katho-

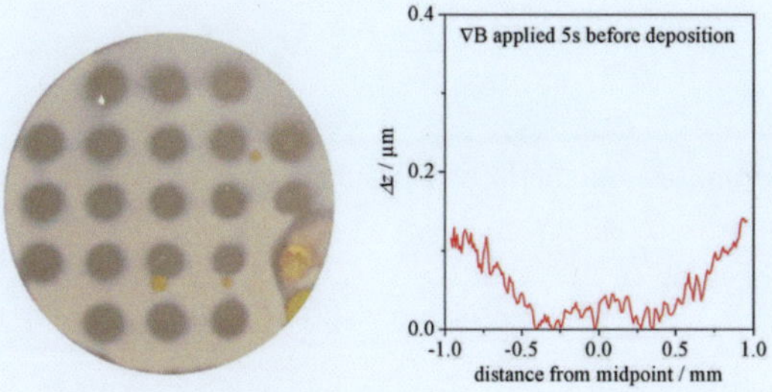

Abbildung 4.23: Experimentelle Ergebnisse von Tschulik u. a. (2011d) zur Bismut-Abscheidung in einem paramagnetischen Leitsalz.

de. Deutlich ist die hellbraune Bismutabscheidung zu erkennen, welche allerdings an den Stellen, hinter denen sich ein magnetisierter Eisendraht befand, deutlich abgeschwächt ist. Dunkler sieht man im Hintergrund die Goldoberfläche der Elektrode durchschimmern. Auf der rechten Seite ist eine profilometrische Messung der abgeschiedenen Schichtdicke in horizontaler Richtung durch das Zentrum der Kathode dargestellt, wobei der Längenbereich die Umgebung des zentralen Eisendrahtes umfasst. Deutlich ist die verringerte Abscheidung am magnetischen Element zu erkennen. Qualitativ ähnliche Ergebnisse findet man auch bei Dunne u. a. (2011) für die Abscheidung von diamagnetischen Zn^{2+}-Ionen in einem Leitsalz mit Dy^{3+}-Ionen (Dysprosium).

4.4.5 Abscheidungen an einem kugelförmigen Magnet

In diesem Abschnitt sollen weitere Ergebnisse zur strukturierten Abscheidung von Metallionen in magnetisch unterschiedlichen Leitsalzen dargestellt werden. An Stelle des eben betrachteten zylindrischen Permanentmagneten ist nun als magnetisches Element hinter der Kathode ein kugelförmiger Permanentmagnet angeordnet, der ebenfalls aus NdFeB besteht und in vertikaler Richtung magnetisiert ist. Die Geometrie der zylindrischen Zelle mit Magnet ist schematisch in Abb. 4.9 dargestellt und identisch zum bereits besprochenen Fall des Zylinder-Magneten. Der zentral über der Kathode angeordnete Kugel-Magnet hat einen Durchmesser von 2 mm, der Abstand zur Kathode beträgt 70 μm (siehe Tabelle 4.1).

Die Untersuchung kugelförmiger Permanentmagneten bietet zunächst den Vorteil, dass die Magnetfeldverteilung und damit die räumliche Struktur der Kelvin-Kraft in geschlossener Form angegeben werden können. Nach Jackson (2001) gilt für die Feldverteilung eines magnetischen Dipols

$$\mathbf{B} = \frac{\mu_0}{4\pi} \frac{3(\mathbf{m}\mathbf{r})\mathbf{r} - \mathbf{m}\, r^2}{r^5} \tag{4.19}$$

Hierbei bezeichnet $\mathbf{m} = \mathbf{M}_{rem} \cdot V_k$ das magnetische Dipolmoment der magnetisierten Kugel, welches sich aus dem Volumen der Kugel und der remanenten Magnetisierung des NdFeB-Magneten ergibt:

$$M_{rem} = \frac{B_{rem}}{\mu_0}, \qquad V_k = \frac{4}{3}\pi R_k^3 \tag{4.20}$$

Für die Komponenten der magnetischen Induktion gilt in Zylinderkoordinaten (r, z)

$$B_r = -\frac{B_{rem} V_k}{4\pi} \frac{3zr}{\sqrt{r^2+z^2}^5}, \quad B_z = -\frac{B_{rem} V_k}{4\pi} \frac{2z^2 - r^2}{\sqrt{r^2+z^2}^5} \tag{4.21}$$

Weiter gilt $\nabla \cdot \mathbf{B} = 0$ und $\nabla \times \mathbf{B} = 0$. Für die beiden Komponenten des Magnetfeldanteils der Kelvin-Kraft ergibt sich somit

$$B\frac{\partial B}{\partial r} = -\frac{B_{rem}^2 V_k^2}{16\pi^2} \frac{15rz^2 + 3r^3}{(r^2+z^2)^5}, \quad B\frac{\partial B}{\partial z} = -\frac{B_{rem}^2 V_k^2}{16\pi^2} \frac{12z^3}{(r^2+z^2)^5} \tag{4.22}$$

Abbildung 4.24 zeigt links den Verlauf der Komponenten und des Betrages der magnetischen Induktion der magnetisierten Kugel entlang der Kathode. Im Vergleich zum Magnetfeld des oben untersuchten Zylinders fällt der Betrag des Magnetfeldes in radialer Richtung relativ gleichmäßig ab. Ein analoges Verhalten findet sich in der Abbildung rechts für den Verlauf der axialen Komponente des Magnetfeldanteils der Kelvin-Kraft $B\partial B/\partial z$.

Im Anfangsstadium des Abscheideprozesses kann man annehmen, dass die Konzentrationsgrenzschicht noch keine radiale Abhängigkeit besitzt. Damit hängt die magnetische Suszeptibilität des Elektrolyten näherungsweise linear von der z-Koordinate ab. Hieraus ergibt sich (siehe auch Formel (4.6)), dass die Rotation einer solchen magnetischen Gradientenkraft genau der Radialkomponente des Magnetfeldanteils der Kraftdichte $(B\nabla)B$

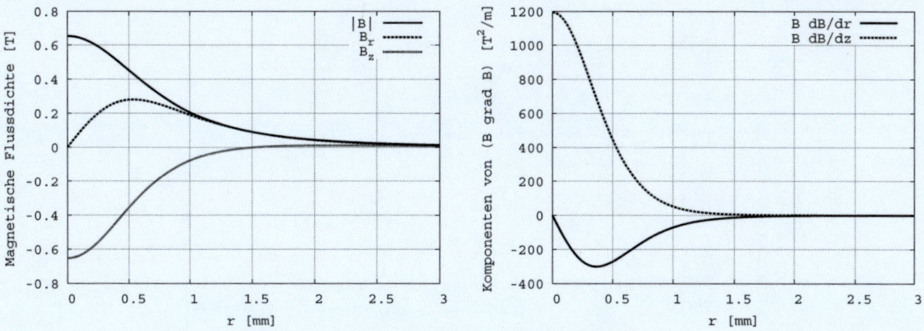

Abbildung 4.24: Links: Verlauf des Magnetfeldes der magnetisierten Kugel an der Kathode. Rechts: Verlauf der Komponenten der Magnetfeldanteile der Kelvin-Kraft (siehe Gl. (4.22)) an der Kathode.

entspricht, während die Normalkomponente keine Rolle spielt. Der entsprechende Ausdruck lautet

$$\nabla \times (z\,(B\nabla B)) = B\frac{\partial B}{\partial r} \tag{4.23}$$

In Abbildung 4.24 ist rechts genau dieser Ausdruck an der Kathode in Abhängigkeit vom Radius dargestellt. Ähnlich zum bereits untersuchten Fall des zylindrischen Magneten besitzt die Rotation der magnetischen Gradientenkraft im Anfangsstadium der Abscheidung ein Extremum außerhalb der Symmetrieachse bei etwa $r = 0.4\,\mathrm{mm}$, wo in Abhängigkeit von den Konzentrations- und Suszeptibilitätsverhältnissen des Elektrolyten eine radiale Konvektion zur Symmetrieachse hin oder von ihr weg angetrieben wird. Im Gegensatz dazu trägt die z-Komponente des Kraftanteils aus Gleichung (4.22) nicht zum Rotationsanteil der Kelvin-Kraft (4.23) bei.

Abbildung 4.25 zeigt zusammenfassend die Schichtdicke mehrerer nach 300 s abgeschiedenener Kupferschichten an der magnetisierten Kugel. Hier bezeichnet „nur Cu“ den Fall des unmagnetischen Leitsalzes und „Cu+Mn“ den Fall mit stark paramagnetischem Leitsalz. Wie erwartet erhält man im ersten Fall eine Zunahme und im zweiten eine Abnahme der Schichtdicke am Magneten. Zum Vergleich ist die am zylindrischen Magneten abgeschiedene Kupferschicht im Fall des unmagnetischen Leitsalzes hinzugefügt („Zyl Cu“). Deutlich erkennt man die geringere Strukturierungsbreite, da der Durchmesser des Zylindermagneten kleiner ist ($2 \cdot d_{zyl} = d_{kugel} = 1\,\mathrm{mm}$). Die Schichtdickenverteilung für die magnetisierte Kugel fällt jedoch gleichmäßiger mit dem Radius ab und widerspiegelt damit den oben diskutierten Verlauf der Magnetfeldverteilung. Der Strukturierungseffekt ist im Fall der magnetisierten Kugel insgesamt stärker als für den magnetisierten Zylinder, da das Volumen der Kugel und damit deren magnetisches Moment größer ist.

Nicht dargestellt sind die beiden Fälle der Bismut-Abscheidung an der magnetisierten Kugel. Für das unmagnetische Leitsalz ist wieder fast kein Strukturierungseffekt erkennbar, während im Fall der stark paramagnetischen Mn^{2+}-Ionen im Leitelektrolyten ein inverser Strukturierungseffekt ähnlich zum dargestellten "Cu+Mn“-Fall beobachtet wird. Insgesamt ist das Bild dem Fall des vorher untersuchten zylindrischen Stabmagneten qualitativ sehr ähnlich.

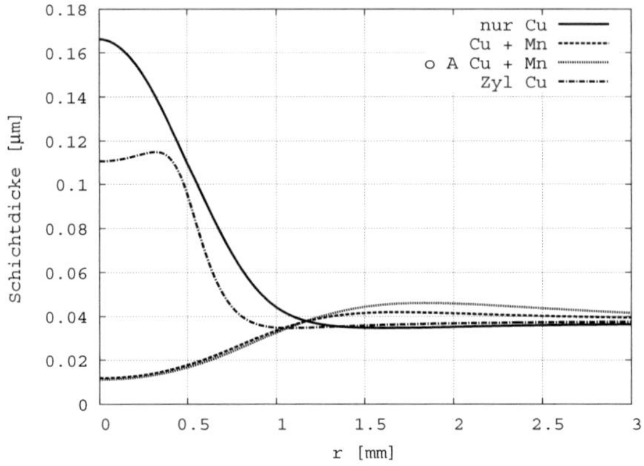

Abbildung 4.25: Vergleich verschiedener nach 300 *s* erhaltener Schichtdicken an der magnetisierten Kugel sowie am Zylindermagneten (Details siehe Text)

Um den Einfluss des Auftriebs auf die erhaltene Schichtdickenverteilung aufzuzeigen, ist in Abb. 4.25 ein weiteres Resultat dargestellt. Dazu wurde der Fall der inversen Strukturierung ausgewählt, da hier die lokale Konvektion am Magneten abwärts gerichtet ist und damit entgegengesetzt zur Naturkonvektion wirkt. Die hieraus im Zeitverlauf resultierende Modifikation der Konvektion ist für den Fall des Zylindermagneten im Abschnitt 4.4.3 beschrieben. Abb. 4.25 zeigt für den Fall des hier untersuchten Kugelmagneten die nach 300 s erhaltene Schichtdicke, wenn in der Simulation der Auftriebsterm künstlich ausgeschaltet wird („o A Cu+Mn"). Wie man erkennt, ergibt sich summarisch eine nur geringfügige Abweichung der Schichtdickenverteilung im Vergleich zum Fall mit Auftrieb („Cu+Mn"). Die inverse Strukturierung bleibt erhalten, lediglich das schwache Abscheidemaximum neben dem Magneten wird etwas stärker.
Die Ursache für den relativ geringen Einfluss der Naturkonvektion liegt in der Dominanz der magnetischen Gradientenkräfte in Elektrodennähe zu Beginn des Abscheidevorganges, wodurch die Konvektionsstruktur in unmittelbarer Elektrodennähe vom Auftrieb zunächst unbeeinflusst bleibt. Erst mit dem generellen Anwachsen der Konzentrationsgrenzschicht im Zeitverlauf werden die Gradientenkräfte schwächer, womit Auftriebseinflüsse an der Elektrode spürbar werden. Im weiteren Zeitverlauf ergeben sich so voraussichtlich wachsende Unterschiede in den radialen Verläufen der Stromdichten beider Fälle. Da jedoch die mittlere Stromdichte inzwischen stark abgesunken ist, ist der relative Einfluss dieser Effekte auf die bereits ausgebildete Struktur der nur noch verlangsamt wachsenden Schicht vermutlich gering. Genauere Untersuchungen hierzu stehen noch aus.

4.5 Zusammenfassung

Magnetische Gradientenkräfte können im Zusammenspiel mit geeigneten Feldgradientenelektroden strukturierte metallische Abscheidungen im Millimeter- und Mikrometerbereich erzeugen. Es konnte gezeigt werden, dass in diesen Skalenbereichen die Kelvin-Kräfte im Vergleich zu ebenfalls vorhandenen Lorentzkräften dominieren und somit maßgeblich für die erhaltenen Strukturierungen verantwortlich sind.
Starke magnetische Gradientenfelder können vorzugsweise durch bis zur Sättigung magnetisierte Eisendrähte oder auch durch zylindrische Permanentmagneten erzeugt werden, die in möglichst geringem Abstand hinter der Kathode angebracht werden. In beiden Fällen wird ein qualitativ ähnliches magnetisches Gradientenfeld in Elektrodennähe erzeugt. Viele bereits erwähnte experimentelle Untersuchungen belegen, dass die qualitativen Eigenschaften der erhaltenen Abscheidemuster vergleichbar sind. Die in dieser Arbeit ausgeführten Simulationen beschränkten sich auf die Betrachtung von NdFeB-Permanentmagneten. Erwähnt sei, dass sich bei der Verwendung magnetisierter Eisendrähte etwas stärkere Strukturierungen sowie in den Randbereichen der abgeschiedenen Strukturen etwas ausgeprägtere Überhöhungen (Tschaar 2011) als bei der Verwendung von Permanentmagneten ergeben.
Die Abscheidung paramagnetischer Kupferionen aus wässrigen Elektrolyten, welche keine nennenswerten weiteren magnetischen Ionen enthalten, führt am magnetischen Element zu einer Konvektion in Form eines Prallstrahles. Dadurch wird die Konzentrationsgrenzschicht lokal anreichert und so insbesondere im Grenzstromregime ein deutlich schnelleres Schichtwachstum am magnetischen Element erreicht. Dieser Strukturierungseffekt tritt auch in Elektrolyten mit geringer Kupferkonzentration auf, deren Gesamtsuszeptibilität wegen des diamagnetischen Anteils der Wassermoleküle negativ ist (Dunne u. a. 2011; Tschulik u. a. 2009). Dies ist ein klares Indiz dafür, dass für den Strukturierungseffekt nur diejenigen magnetischen Spezies verantwortlich sind, die eine Konzentrationsänderung in Kathodennähe aufzeigen. Strömungsmechanisch betrachtet bedeutet dies, dass nur der Rotationsanteil der magnetischen Gradientenkraft in der Lage ist, eine Konvektion im Elektrolyten anzuregen und damit den Strukturierungseffekt zu verursachen.
Sind neben den elektrochemisch aktiven Metallionen (z.B. Cu^{2+}, Bi^{3+}) weitere magnetische Ionen im Elektrolyt vorhanden, so können diese die Strukturierung beeinflussen, obwohl sie nicht an der Reaktion teilnehmen („inert“). Ursache hierfür ist die an der Kathode auftretende Konzentrationszunahme der magnetischen Kationen des Leitsalzes. Hierdurch tragen z.B. stark paramagnetische Metallionen wie Mn^{2+} durch ihren Konzentrationsgradienten zum Rotationsanteil der Kelvin-Kraft bei und dominieren diesen im Fall der Kupferabscheidung. Durch den daraus resultierenden Vorzeichenwechsel der Rotation kehrt sich die Richtung der lokalen Konvektion um. In der Folge wird eine vom magnetischen Element abströmende Konvektion erzeugt, welche lokal zu dickeren Cu^{2+}-Konzentrationsgrenzschichten und damit zu einer verlangsamten Abscheidung führt. Somit kann durch Zugabe geeigneter inerter Ionen mit paramagnetischen oder diamagnetischen Eigenschaften der Strukturierungseffekt dahingehend gesteuert werden, dass über dem magnetischen Element vermehrte oder verminderte Abscheidung auftritt. Allerdings sind für diamagnetische inerte Ionen die Möglichkeiten stark eingeschränkt, da deren magnetische Suszeptibilität betragsmäßig vergleichsweise sehr gering ist. Jedoch kann bei der Abscheidung diamagnetischer Metallionen wie z.B. Bi^{3+} der nur schwache inverse Struk-

turierungseffekt durch die Zugabe stark paramagnetischer Ionen im Leitsalz verstärkt werden. Dies wird in mehreren experimentellen Arbeiten bestätigt (Dunne u. a. 2011; Tschulik u. a. 2009, 2011d). Zum Zeitpunkt des Erscheinens dieser Artikel war die Diskussion der zugrunde liegenden Mechanismen jedoch noch nicht abgeschlossen. Während in Tschulik u. a. (2011d) lokale Konvektion als eine mögliche Option diskutiert wurde, argumentierte Dunne u. a. (2011) im Fall der inversen Strukturierungen mit Effekten auf molekularer und Ionen-Ebene, die sich letztlich nicht bestätigt haben. Zusammenfassend geben die in dieser Arbeit dargestellten Zusammenhänge erstmalig die Möglichkeit, die in einer Vielzahl von Experimenten gefundenen Strukturierungseffekte konsistent auf der Basis der durch die Kelvin-Kraft hervorgerufenen lokalen Konvektion zu erklären (Mutschke u. a. 2012b). Die vorhergesagten Konvektionsmuster wurden durch numerische Simulationen bestätigt (Mutschke u. a. 2012a), und die Dicken der abgeschiedenen Schichten stimmen qualitativ gut mit den erwähnten experimentellen Ergebnissen überein.

Die beschriebenen strukturierten Abscheidungen werden auch von der Ausrichtung der Arbeitselektrode beeinflusst. Bei Abscheidungen an senkrechten Elektroden führt die Naturkonvektion zu vertikalen Verwaschungen der Strukturen. Andererseits begrenzt die Naturkonvektion das diffusive Anwachsen der Konzentrationsgrenzschicht im Zeitverlauf und die hieraus resultierende Abschwächung der Kelvin-Kraft.

Auch an unten liegenden horizontalen Kathoden konnten in Experimenten strukturierte Abscheidungen beobachtet werden, obwohl in dieser Konfiguration von einer primär instabilen Dichteschichtung ausgegangen werden kann und Auftriebskräfte wirken (Tschulik u. a. 2011a).

An oben liegenden horizontalen Arbeitselektroden existiert in den hier untersuchten Elektrolyten eine primär stabile Dichteschichtung. Jedoch wird die Struktur der Abscheidung durch die Dauer des Stromflusses beeinflusst. Durch das Anwachsen der Konzentrationsgrenzschicht im Zeitverlauf verringert sich daher der Einfluss der magnetischen Gradientenkraft. Aus diesem Grund sind die hier erzielbaren maximalen Dickenunterschiede zunächst limitiert. Ein Ausweg ist das gezielte Anwenden von gepulsten Strömen, insbesondere von zeitlich alternierenden Strompulsen unterschiedlichen Vorzeichens. Betrachtet man die einfache paramagnetische Abscheidung von Kupfer, so kann man die nach einer Abscheidezeit t_1 neben dem Magnet entstandene Schicht durch Umkehrung der Stromrichtung für eine gewisse Zeit t_2 wieder vollständig auflösen. Am magnetischen Element hingegen verbleibt eine restliche Schicht. Obwohl sich mit dem Invertieren der Stromrichtung auch das Vorzeichen des Konzentrationsgradienten und damit die Richtung der lokalen Konvektion ändert, was qualitativ zum Invertieren der Strukturierung führt, kann man aus dem im Zeitverlauf variierenden Effekt der Strukturierung Nutzen ziehen. Wie aus Abbildung 4.10 ersichtlich ist, ist der Unterschied der Stromdichte am bzw. neben dem Magneten und somit der Strukturierungseffekt anfangs schwächer als im späteren Verlauf der Abscheidung. Diese zeitliche Variation des Wachstums bzw. folglich auch des Auflösens kann genutzt werden, indem geeignete Zeitphasen $t_1 > t_2 \lessapprox 20\,s$ bewusst gewählt werden. Weitere Effekte resultieren aus dem Umbauprozess der Konzentrationsgrenzschicht und sind in Tschulik u. a. (2011c) beschrieben, wo an horizontalen Elektroden mit Hilfe solcher gepulsten Ströme „dicke" strukturierte Kupferschichten im Mikrometer-Bereich erzeugt wurden. Die Idee der gepulsten Abscheidung könnte ebenfalls genutzt werden, um den relativ schwachen inversen Strukturierungseffekt bei der einfachen Abscheidung diamagnetischer Metallionen zu verstärken. Eine experimentelle Verifikation steht hier noch aus.

5 Schlussbetrachtungen

In dieser Arbeit wurde der Einfluss von Magnetfeldern auf die Strömung und den Stoffübergang bei der elektrochemischen Metallabscheidung untersucht. Dabei wurden verschiedene numerische Simulationen zur Abscheidung von Kupfer in kleinen Elektrolysezellen mit Zentimeter-Abmessungen durchgeführt. Parallel fanden experimentelle Untersuchungen anderer Autoren im Rahmen des SFB 609 statt, mit denen die numerischen Ergebnisse verglichen werden konnten. Die in dieser Arbeit dargestellten Ergebnisse sind in mehrere Publikationen in Fachzeitschriften eingeflossen.

In Zellen mit senkrecht ausgerichteten Elektroden spielen Auftriebsprozesse eine wichtige Rolle. Die Beeinflussung der sich ausbildenden vertikalen Struktur der Konzentrationsgrenzschichten stellt den Schlüssel zu einer notwendigen Verbesserung der Homogenität der Abscheidung dar. Hinsichtlich der Wirkung homogener Magnetfelder konnte ein deutlich verbessertes Verständnis der Struktur der angeregten MHD-Konvektion erzielt werden. Die im Fall vertikaler und elektrodennormaler Magnetfelder entstehende charakteristische horizontale Konvektion scheint wenig geeignet, um die Gleichmäßigkeit der Abscheidung global zu verbessern. Als wesentlich aussichtsreicher erweisen sich einfache inhomogene Magnetfelder mit konstantem Gradient zwischen den Elektroden. Diese können durch das Anregen einer vertikalen Rührbewegung in der Zelle die Konzentrationsgrenzschichten in ihrer vertikalen Struktur beeinflussen und führen so zu deutlichen Verbesserungen hinsichtlich der Gleichmäßigkeit der Abscheidung.
Die Übertragbarkeit dieser Erkenntnisse auf größere Zellen und Elektroden industrieller Anlagen scheint prinzipiell möglich, da die dort verwendeten Zellstromdichten zur gleichen Zeit auch entsprechend größere Lorentzkräfte generieren. Zur Anregung der MHD-Konvektion können hier gegebenenfalls Permanentmagneten genutzt werden, die geeignete inhomogene Magnetfelder in Elektrodennähe erzeugen. Detaillierte Untersuchungen zum möglichen Einfluss turbulenter Strömungsverhältnisse stehen hier jedoch noch aus.

Bei der strukturierten Abscheidung von Metallen in magnetischen Gradientenfeldern konnte durch theoretische Überlegungen ein wesentlich verbessertes Verständnis der Vorgänge erreicht werden. Ausgehend von einer genauen Analyse der Wirkung der Kelvin-Kraft sowie den Konzentrationsverhältnissen an der Kathode wurde erstmalig eine konsistente Erklärung gegeben, die alle bisher beobachteten experimentellen Ergebnisse (strukturierte und invers strukturierte Abscheidungen) einschließt. Ursache ist eine von der Kelvin-Kraft erzeugte elektrodennormal orientierte Strömung am magnetischen Element, die in Abhängigkeit von ihrer Richtung die Konzentrationsgrenzschicht lokal anreichert oder verarmt und somit den Stoffübergang beeinflusst. Dieser kausale Zusammenhang wird durch die hier dargestellten numerischen Simulationen belegt.
Ein interessantes Thema zukünftiger Untersuchungen ist die detaillierte numerische Simulation der Abscheidung an Elektroden mit mehreren magnetischen Elementen. Bei

Abständen zwischen den Magneten, die etwa ihrem Durchmesser entsprechen, wurden bereits experimentell gegenseitige Beeinflussungen nachgewiesen, jedoch ist die Frage des für einen Strukturierungseffekt notwendigen minimalen Abstandes noch nicht beantwortet. Die Untersuchungen können auch auf einzelne Strukturierungen komplizierterer Gestalt erweitert werden, wofür ebenfalls dreidimensionale Simulationen notwendig wären.

Im Hinblick auf potentielle industrielle Anwendungen der hier dargestellten grundlegenden Mechanismen ist noch ungeklärt, bis zu welchen kleineren Strukturbreiten der hier beobachtete Effekt darstellbar ist. Hierbei können weitere numerische Simulationen hilfreich sein, durch die man Schichtdickenveränderungen sehr genau bestimmen kann. In Experimenten zur gepulsten Abscheidung von Kupfer wurden bereits Strukturbreiten von $\sim 50\,\mu m$ erreicht (Tschulik u. a. 2011c). Ergänzend seien in diesem Zusammenhang die Arbeiten von Naaman et al. zur Magnetolithografie erwähnt, wo die Wirkung von Gradientenkräften auf magnetische Nanoteilchen genutzt und so Strukturbreiten im Nanometer-Bereich erreicht werden (Bardea u. a. 2009; Kumar u. a. 2010). Darüber hinaus existieren zur Nutzung von Gradientenfeldern für die Manipulation magnetischer Nanoteilchen in der Mikrofluidik weitere Anwendungen (Pamme 2007; Urbach u. a. 2003; Zhao u. a. 2007, 2010).
Ausgehend von dem heutigen Erkenntnisstand erscheint die Anwendung der hier dargestellten Mechanismen z.B. bei der Herstellung von Leiterplatten denkbar, um in kritischen Regionen die Abscheidungsrate zu erhöhen. Möglicherweise können die hier gewonnenen Erkenntnisse auch zum besseren Verständnis und zur Vermeidung von Korrosionsprozessen an Bauteilen mit Permanentmagneten beitragen (siehe Süptitz (2011)). Diese kommen heute in vielen technologisch bedeutsamen Industriebereichen zur Anwendung und sind dort häufig dem Einfluss von Feuchtigkeit ausgesetzt (z.B. Generatoren von Windrädern in Offshore-Anlagen, Elektroantrieb am PKW).
Weitergehende experimentelle Arbeiten beschäftigen sich bereits mit der strukturierten Abscheidung von ferromagnetischen Schichten (Co, Fe) sowie von metallischen Legierungen (CuBi, FeCo und FePt) mit hohem technologischem Anwendungspotential (Tschulik 2012; Uhlemann 2012). Dabei stehen detaillierte Untersuchungen zur Wirkung der Gradientenkräfte auf den komplexen Stofftransport und damit auf eine gesteuerte Zusammensetzung von Legierungen noch aus. Die in dieser Arbeit vorgestellten Ergebnisse numerischer Simulationen an einfachen Systemen bilden eine wichtige Grundlage für das Verständnis dieser komplexen Systeme.

Symbolverzeichnis

Lateinische Symbole

A	Fläche der Elektrode oder der Elektrolysezelle
$\mathbf{B}$	magnetische Flussdichte (Induktion)
$\mathbf{B}_0$	externe magnetische Flussdichte
c	Konzentration
c_0	Konzentration im homogenen Elektrolyten
c_i^0	Konzentration von Spezies i im homogenen Elektrolyt
d	Schichtdicke
D	Diffusionskoeffizient (allg.)
D_i	Diffusionskoeffizient der Spezies i
D_L	Diffusionskoeffizient der Elektrolytlösung
e	Elementarladung
$\mathbf{E}$	elektrische Feldstärke
f	Frequenz; verallgemeinertes elektrisches Potential
F	Faraday-Konstante
$\mathbf{f}$	Kraftdichtevektor
$\mathbf{f}_m$	magnetische Gradientenkraft (Kelvin-Kraft)
$\mathbf{f}_L$	Lorentzkraft
$\mathbf{f}_A$	Auftriebskraft
$\mathbf{g}$	Erdbeschleunigung
$\mathbf{H}$	magnetische Feldstärke
H	Höhe
I	Elektrischer Strom
I_L	Grenzstrom
I_{Zelle}	Zellstrom
$\mathbf{j}$	elektrische Stromdichte
j_{ind}	induzierte elektrische Stromdichte
j^{migr}	Migrationsanteil der Stromdichte
j^{diff}	Diffusionsanteil der Stromdichte
j_{Zelle}	Zellstromdichte (Mittelwert)
j_0	Austausch-Stromdichte
j_{00}	Konstante der Austausch-Stromdichte
j_L	Grenzstromdichte

k_z	Wellenzahl in z-Richtung
L	Referenzlänge: Zellhöhe; Magnetdurchmesser
m	Masse
$\mathbf{M}$	Magnetisierung
M	Molare Masse; Molarität (Konzentration in mol/l)
Ma	Machzahl
$\mathbf{N}_i$	Flussdichte der Spezies i
N	Wechselwirkungsparameter; Spezies-Anzahl
N_A	Avogadro-Konstante
n	Stoffmenge
p	Druck
Pr	Prandtlzahl
Q, q	elektrische Ladung
r	radiale Koordinatenrichtung
R	Radius; Gaskonstante; Reaktionsterm
Ra	Rayleighzahl
Re	Reynoldszahl
Gr	Grasshoffzahl
Pe	Pecletzahl
R_m	magnetische Reynoldszahl
Sc	Schmidtzahl
R_{MHD}	MHD-Parameter
$R_{\nabla B}$	Gradientenkraft-Parameter
t	Zeit
T	Temperatur; Abscheidezeit
u	Betrag der Geschwindigkeit
$\mathbf{u}$	Vektor des Geschwindigkeitsfeldes
U	Referenzgeschwindigkeit
u_i^M	Mobilität der Spezies i
v	vertikale Komponente der Geschwindigkeit
V_m	molares Volumen
$\mathbf{e}$	Einheitsvektor
z	Ladungszahl; axiale Koordinatenrichtung

Griechische Symbole

α	Geschwindigkeitsgradient; Durchtritts- oder Symmetriefaktor
β_c	Volumenausdehnungskoeffizient (konz.-abhängig)

γ	Kinetik-Exponent der Austauschstromdichte
δ_{ij}	Kroneckersymbol
δ_c	Dicke der Konzentrationsgrenzschicht
Δ	Differenz; Laplace-Operator
ε	Dielektrizitätskonstante
η	dynamische Viskosität; Überspannung
κ	elektrische Leitfähigkeit der Lösung (ortsabhängig)
κ_H	elektrische Leitfähigkeit der homogenen Lösung
λ	Debye-Länge; magnetische Diffusivität
μ_r	magnetische Permeabilität des Mediums
μ_0	magnetische Permeabilität des Vakuums
μ_r	relative magnetische Permeabilität
ν	kinematische Viskosität
ν_+, ν_-	Stöchiometriefaktoren im binären Elektrolyt
χ	magnetische Suszeptibilität
χ^{mol}	molare magnetische Suszeptibilität
χ_{sol}	magnetische Suszeptibilität des Elektrolyten
χ_{H_2O}	magnetische Suszeptibilität des Wassers
ρ	Dichte
ρ_e	elektrische Raumladungsdichte
σ	elektrische Leitfähigkeit
φ	azimutale Koordinatenrichtung
Φ	elektrisches Potenzial
Φ_{eq}	Gleichgewichtspotential
Ψ	skalares magnetisches Potential
ψ	Stromfunktion
ω	Wirbelstärke

Indizes

$(.)_{eq}$	Gleichgewicht
$(.)_{\text{max}}$	Maximum
$(.)_{\text{min}}$	Minimum
$(.)_n$	in Normalenrichtung
$(.)_r$	radial
$(.)_{rem}$	remanent
$(.)_{sol}$	der Elektrolyslösung
$(.)_t$	tangential
$(.)_z$	axial

$(.)^*$	dimensionslos

Weitere Symbole

$\|(.)\|$	Betrag
∇	Nablaoperator
∂	partielle Ableitung
∂_B	partielle Ableitung in Magnetfeldrichtung
∂_n	partielle Ableitung in Normalenrichtung
∂_t	partielle Ableitung in tangentialer Richtung
$\nabla \times (.)$	Rotation eines Vektorfeldes

Abkürzungen

2D	zweidimensional
3D	dreidimensional
DNS	Direkte Numerische Simulation
HZDR	Helmholtz-Zentrum Dresden-Rossendorf
MHD	Magnetohydrodymanik
PIV	Particle Image Velocimetry
SFB	Sonderforschungsbereich
TU	Technische Universität

Selbstständigkeitserklärung

Hiermit versichere ich, dass ich die vorliegende Arbeit ohne unzulässige Hilfe Dritter und ohne Benutzung anderer als der angegebenen Hilfsmittel angefertigt habe; die aus fremden Quellen direkt oder indirekt übernommenen Gedanken sind als solche kenntlich gemacht.

Bei der Auswahl und Auswertung des Materials sowie bei der Herstellung des Manuskripts habe ich Unterstützungsleistungen von folgenden Personen erhalten:

– keine –

Weitere Personen waren an der geistigen Herstellung der vorliegenden Arbeit nicht beteiligt. Insbesondere habe ich nicht die Hilfe eines kommerziellen Promotionsberaters in Anspruch genommen. Dritte haben von mir keine geldwerten Leistungen für Arbeiten erhalten, die in Zusammenhang mit dem Inhalt der vorgelegten Dissertation stehen.

Die Arbeit wurde bisher weder im Inland noch im Ausland in gleicher oder ähnlicher Form einer anderen Prüfungsbehörde vorgelegt und ist auch noch nicht veröffentlicht worden.

Die Promotionsordnung der Fakultät Maschinenwesen der TU Dresden in ihrer gültigen Fassung wird anerkannt.

Dresden, 18. September 2012

Dipl.-Phys. Gerd Mutschke

Danksagung

Diese Arbeit entstand während meiner Tätigkeit als wissenschaftlicher Mitarbeiter in der MHD-Abteilung des Institutes für Sicherheitsforschung am damaligen Forschungszentrum Dresden-Rossendorf und der sich daran anschließenden Tätigkeit am Lehrstuhl für Strömungsmechanik des gleichnamigen Institutes der Technischen Universität Dresden. Sie wurde im Rahmen des durch die Deutsche Forschungsgemeinschaft finanzierten Sonderforschungsbereichs 609 „Elektromagnetische Strömungsbeeinflussung in Metallurgie, Kristallzüchtung und Elektrochemie“ angefertigt.

Meinem Doktorvater, Herrn Prof. Jochen Fröhlich, danke ich sehr herzlich für die jederzeit gewährte wohlwollende und umfassende Unterstützung bei der Bearbeitung dieses Themas.

Herrn Prof. Andreas Bund danke ich sehr für die vielen wertvollen Hinweise und Diskussionen, die mir insbesondere in den Anfangszeiten der Bearbeitung den Einstieg in die elektrochemischen Aspekte dieser Thematik wesentlich erleichterten.

Darüber hinaus möchte ich mich bei den Mitarbeitern des SFB 609 bedanken, mit denen ich fachlich auf dem Gebiet der Elektrochemie intensiv zusammengearbeitet habe. Nennen möchte ich Dr. Kristina Tschulik, Dr. Tom Weier, Dr. Margitta Uhlemann, Dr. Kerstin Eckert, Dr. Sascha Mühlenhoff, Dr. Xuegeng Yang und Dr. Ralf Peipmann.

Den Mitgliedern der Professur für Strömungsmechanik unter Leitung von Herrn Prof. Jochen Fröhlich danke ich für die freundschaftliche Arbeitsatmosphäre. Für viele interessante Diskussionen bei Kaffee und Tee danke ich insbesondere Dr. Jörg Stiller, Hans Metzkes, Denis Koschichow und Martin Niemann.

Ich konnte bei der hier vorgestellten Arbeit wesentlich von meinen Kenntnissen numerischer Simulationen auf dem Gebiet der Magnetohydrodynamik profitieren, die ich als Mitarbeiter im damaligen Forschungszentrum Dresden-Rossendorf erwarb. Danken möchte ich daher dem damaligen Leiter der MHD-Abteilung, Herrn Dr. Gunter Gerbeth sowie meinen ehemaligen Kollegen Dr. Victor Shatrov und Dr. Vladimir Galindo.

Für viele technische Hinweise auf dem Weg der Fertigstellung dieser Arbeit möchte ich mich bei Dr. Kristina Koal und Dr. Thomas Albrecht bedanken. Für das Korrekturlesen danke ich Dr. Kristina Tschulik, Dr. Tom Weier, Dr. Margitta Uhlemann und insbesondere meiner Frau Sabine, die mich darüber hinaus auf dem Weg der Fertigstellung dieser Arbeit stets verstand zu motivieren und mich von familiären Pflichten entlastete.

Literaturverzeichnis

Akoun und Yonnet 1984
AKOUN, G. ; YONNET, J.: 3d analytical calculation of the forces between two cuboidal magnets. In: *IEEE Transactions on Magnetics* MAG-20 (1984), S. 1962–1964

Alemany und Chopart 2007
ALEMANY, A. ; CHOPART, J.-P.: *An outline of Magnetoelectrochemistry.* in: S. Molokov, R. Moreau, H.K. Moffatt (eds.), Magnetohydrodynamics - Historical Evolution and Trends, Fluid Mech. and its applications, vol. 80, Springer, New York, pp. 391–407, 2007

Aogaki u. a. 1975a
AOGAKI, R. ; FUEKI, K. ; MUKAIBO, T.: Application of Magnetohydrodynamic Effect to the Analysis of Electrochemical Reactions – 1. MHD Flow of an electrolyte solution in an electrode-cell with a short rectangular channel. In: *Denki Kagaku* 43 (1975), S. 504–508

Aogaki u. a. 1975b
AOGAKI, R. ; FUEKI, K. ; MUKAIBO, T.: Application of Magnetohydrodynamic Effect to the Analysis of Electrochemical Reactions – 2. Diffusion process in MHD forced Flow of electrolyte solutions. In: *Denki Kagaku* 43 (1975), S. 509–514

Bard und Faulkner 2001
BARD, Allen J. ; FAULKNER, Larry R.: *Electrochemical Methods - Fundamentals and Applications.* John Wiley and Sons, New York, 2nd edition, 2001

Bardea u. a. 2009
BARDEA, A. ; BARAM, A. ; KUMAR, T.A. ; NAAMAN, R.: Magnetolithographic Patterning of Inner Walls of a Tube: A New Dimension in Microfluidics and Sequential Microreactors. In: *J. Am. Chem. Soc.* 131 (2009), S. 18260–18262

Bark und Alavyoon 1994
BARK, F.H. ; ALAVYOON, F.: Convection in an electrochemical systems. In: *Applied Scientific Research* 53 (1994), S. 11–34

Bark und Alavyoon 1995
BARK, F.H. ; ALAVYOON, F.: Free convection in an electrochemical system with nonlinear reaction kinetics. In: *J. Fluid Mech.* 290 (1995), S. 1–28

Bark 1990
BARK, Fritz H.: On steady free convection in a system with a large excess of supporting electrolyte. In: *Electrochimica Acta* 35 (1990), S. 307–313

Bejan 2004
BEJAN, A.: *Convection Heat Transfer.* Third edition, J. Wiley & Sons, Inc., Hoboken, NJ, 2004

Blums u. a. 1997
BLUMS, E. ; CEBERS, A. ; MAIOROV, M.M.: *Magnetic Fluids.* Walter de Gruyter, Berlin, 1997

Brockhaus Verlag 2004
BROCKHAUS VERLAG, Leipzig: *Der Brockhaus in drei Bänden.* 3., völlig neu bearbeitete Auflage, F.A. Brockhaus GmbH, Leipzig, 2004

Bund 2006
BUND, A.: Private Mitteilung. (2006)

Bund u. a. 2008
BUND, A. ; ISPAS, A. ; MUTSCHKE, G.: Magnetic field effects on electrochemical metal depositions. In: *Sci. Technol. Adv. Mater.* 9 (2008), S. 024208

Bund u. a. 2003
BUND, A. ; KOEHLER, S. ; KUEHNLEIN, H.H. ; PLIETH, W.: Magnetic field effects in electrochemical reactions. In: *Electrochimica Acta* 49 (2003), S. 147–152

Casas u. a. 2000
CASAS, J.M. ; ALVAREZ, F. ; CIFUENTES, L.: Aqueous speciation of sulfuric acid-cupric sulfate solutions. In: *Chem. Eng. Science* 55 (2000), S. 6223–6234

Chaure und Coey 2009
CHAURE, N.B. ; COEY, J.M.D.: Enhanced Oxygen reduction at composite electrodes producing a large magnetic gradient. In: *J. Electrochem. Soc.* 156 (3) (2009), S. F39–F46

Chaure u. a. 2007
CHAURE, N.B. ; RHEN, F.M.F. ; COEY, J.M.D.: Design and application of a magnetic field gradient electrode. In: *Electrochem. Comm.* 9 (2007), S. 155–158

Coey und Hinds 2001
COEY, J.M.D. ; HINDS, G.: Magnetic electrodeposition. In: *J. Alloys Compounds* 326 (2001), S. 238–245

Coey u. a. 2007
COEY, J.M.D. ; RHEN, F.M.F. ; DUNNE, P. ; MCMURRY, S.: The magnetic concentration gradient force - Is it real ? In: *J. Solid State Electrochem.* 11 (2007), S. 711–717

COMSOL Inc. 2012
COMSOL INC., Burlington: *COMSOL Multiphysics Documentation Suite V.3.5a und V.4.2.* Burlington, MA 01803, USA, 2012

Dass u. a. 2005
DASS, A. ; COUNSIL, J.A. ; GAO, X. ; LEVENTIS, N.: Magnetic Field Effects on the Open Circuit Potential of Ferromagnetic Electrodes in Corroding Solutions. In: *J. Phys. Chem. B* 109 (2005), S. 11065–11073

Davidson 1995
DAVIDSON, P.A.: Magnetic damping of jets and vortices. In: *J. Fluid Mech.* 299 (1995), S. 153–186

Davidson 2001
DAVIDSON, Peter A.: *An Introduction to Magnetohydrodynamics.* Cambridge Univ. Press, Cambridge, 2001

Dunne und Coey 2012
DUNNE, P. ; COEY, J.M.D.: Patterning metallic electrodeposits with magnet arrays. In: *Phys. Rev. B* 85 (2012), S. 224411

Dunne u. a. 2011
DUNNE, P. ; MASSA, L. ; COEY, J.M.D.: Magnetic Structuring of Electrodeposits. In: *Phys. Rev. Lett.* 107 (2011), S. 024501

Dunne u. a. 2012
DUNNE, P. ; SOUCAILLE, R. ; ACKLAND, K. ; COEY, J.M.D.: Magnetic structuring of linear copper electrodeposits. In: *J. Appl. Phys.* 111 (2012), S. 07B915

Endres und El Abedin 2006
ENDRES, F. ; EL ABEDIN, S.Z.: Air and water stable ionic liquids in physical chemistry. In: *Phys. Chem. Chem. Phys.* 8 (2006), S. 2101–2116

Eringen und Maugin 1989
ERINGEN, A.C. ; MAUGIN, G.A.: *Electrodynamics of Continua I.* Springer Verlag, New York, 1989

Fa. IBS Magnet 2012
FA. IBS MAGNET, Berlin: Magnetismus - Dauermagnete - Werkstoffe und Systeme: NeoDeltaMagnete. In: *Katalog-Ausgabe Nr.* 13 (2012), S. 13

Fahidy 1973
FAHIDY, T.Z.: Hydrodynamic Models in Magnetoelectrolysis. In: *Electrochimica Acta* 18 (1973), S. 607–614

Fahidy 1983
FAHIDY, T.Z.: Magnetoelectrolysis. In: *J. Appl. Electrochem.* 13 (1983), S. 553–563

Fahidy 1999
FAHIDY, T.Z.: *The effect of magnetic fields on electrochemical processes.* in: B.E. Conway et al. (eds.), Modern aspects of Electrochemistry, no. 32, Kluwer/Plenum, New York, pp. 333–353, 1999

Fahidy 2001
FAHIDY, T.Z.: Characteristics of surfaces produced via magnetoelectrolytic deposition. In: *Progr. Surf. Science* 68 (2001), S. 155–188

Finlayson 1970
FINLAYSON, B.A.: Convective Instability of ferromagnetic fluids. In: *J. Fluid Mech.* 40 (1970), S. 753–767

Fluent Inc. 2002
FLUENT INC., Darmstadt: *FIDAP 8.7.4 Documentation Suite.* ANSYS Germany GmbH, Birkenweg 14a D-64295 Darmstadt, Germany, 2002

Gailitis u. a. 2000
GAILITIS, A. ; LIELAUSIS, O. ; DEMENT'EV, S. ; PLATACIS, E. ; CIFERSONS, A. ; GERBETH, G. ; GUNDRUM, T. ; STEFANI, F. ; CHRISTEN, M. ; HÄNEL, H. ; WILL, G.: Detection of a flow induced magnetic field eigenmode in the Riga dynamo facility. In: *Phys. Rev. Lett.* 84 (2000), S. 4365–4368

Georgiadou u. a. 2001
GEORGIADOU, M. ; VEYRET, D. ; SANI, R.L. ; ALKIRE, R.C.: Simulation of Shape Evolution during Electrodeposition of Copper in the Presence of Additive. In: *J. Electrochem. Soc.* 148 (2001), S. C54–C58

Gerbeth u. a. 2003
GERBETH, G. ; WEIER, T. ; MUTSCHKE, G. ; FEY, U.: *Kontrolle der nichtlinearen Dynamik von Strömungsgrenzschichten durch elektromagnetische Kräfte, Teilvorhaben FZR: Modellexperimente und Numerik.* VDI-Abschlussbericht, Förderkennzeichen: 13N7722/6, 2003

Gorobets u. a. 2008
GOROBETS, O.Y. ; GOROBETS, V.Y. ; DERECHA, D.O. ; BRUKVA, O.M.: Nickel electrodeposition of constant homogeneous and high-gradient magnetic field. In: *J. Phys. Chem. C* 112 (2008), S. 3373–3375

Grant u. a. 1999
GRANT, K.M. ; HEMMERT, J.W. ; WHITE, H.S.: Magnetic focusing of redox molecules at ferromagnetic microelectrodes. In: *Electrochem. Comm.* 1 (1999), S. 319–323

Grant u. a. 2001
GRANT, K.M. ; HEMMERT, J.W. ; WHITE, H.S.: Magnetic field driven convective transport at inlaid disk microelectrodes. The dependence of flow patterns on electrode radius. In: *J. Electroanalyt. Chem.* 500 (2001), S. 95–99

Hamann und Vielstich 1998
HAMANN, Carl H. ; VIELSTICH, Wolf: *Elektrochemie.* 3. Auflage, Wiley-VCH Verlag, Weinheim, 1998

Hess 2008
HESS, A.: *Numerische Untersuchungen zur elektrochemischen Abscheidung von Metallen unter dem Einfluss von äußeren Magnetfeldern.* Diplomarbeit, TU Dresden, Fakultät Maschinenwesen, Institut für Strömungsmechanik, 2. Juni 2008

Hinds u. a. 2001
Hinds, G. ; Coey, J.M.D. ; Lyons, M.E.G.: Influence of magnetic forces on electrochemical mass transport. In: *Electrochemistry Communications* 3 (2001), S. 215–218

Jackson 2001
Jackson, J.D.: *Classical Electrodynamics.* Third Edition, J. Wiley & Sons, Hoboken, N.J., 2001

Jiang u. a. 1996
Jiang, H.D. ; Ostrach, S. ; Kamotani, Y.: Thermosolutal transport phenomena in large Lewis number electrochemical systems. In: *Int. J. Heat Mass Transf.* 39 (1996), S. 841–850

Kawai u. a. 2008
Kawai, S. ; Fukunaka, Y. ; Kida, S.: Numerical simulation of transient natural convection along vertical plane electrodes caused by electrolytic current modulation. In: *J. Electrochem. Soc.* 155 (2008), S. F75–F81

Kawai u. a. 2009
Kawai, S. ; Fukunaka, Y. ; Kida, S.: Numerical Simulation of Ionic Mass-Transfer Rates with Natural Convection in CuSO4–H2SO4 Solution. In: *J. Electrochem. Soc.* 156 (2009), S. F99–F108

Kawai u. a. 2007
Kawai, S. ; Nishikawa, K. ; Fukunaka, Y. ; Kida, S.: Numerical simulation of transient natural convection induced by electrochemical reactions confined between vertical plane Cu electrodes. In: *Electrochim. Acta* 53 (2007), S. 257–264

Kim und Fahidy 1995
Kim, K. ; Fahidy, T.Z.: An Analysis of Free-Convective Magnetoelectrolysis in Constant Magnetic Fields. In: *J. Electrochem. Soc.* 142 (1995), S. 4196–4204

Koschichow 2010
Koschichow, D.: *Numerische Simulationen von elektrochemischen Metallabscheidungen unter Berücksichtigung der Elektrodenkinetik.* Diplomarbeit, TU Dresden, Fakultät Maschinenwesen, Institut für Strömungsmechanik, 24. März 2010

Koschichow u. a. 2012
Koschichow, D. ; Mutschke, G. ; Yang, X. ; Bund, A. ; Fröhlich, J.: Numerical simulation of the onset of mass transfer and convection in copper electrolysis subjected to a magnetic field. In: *Russ. J. Electrochem. (Electrochimija, in Russ.)* 48 (2012), S. 756–765

Krause u. a. 2005
Krause, A. ; Hamann, C. ; Uhlemann, M. ; Gebert, A.: Influence of a magnetic field on the morphology of electrodeposited cobalt. In: *J. Mag. Magn. Mat.* 290 (2005), S. 261–264

Krause u. a. 2004
KRAUSE, A. ; UHLEMANN, M. ; GEBERT, A. ; SCHULTZ, L.: The effect of magnetic fields on the electrodeposition of cobalt. In: *Electrochimica Acta* 49 (2004), S. 4127–4134

Kumar u. a. 2010
KUMAR, T.A. ; BARDEA, A. ; SHAI, Y. ; YOFFE, A. ; NAAMAN, R.: Patterning Gradient Properties from Sub-Micrometers to Millimeters by Magnetolithography. In: *Nano Lett.* 10 (2010), S. 2262–2267

Lahoz und Walker 1975
LAHOZ, D.G. ; WALKER, G.: An experimental analysis of electromagnetic forces in liquids. In: *J. Phys. D: Appl. Phys.* 8 (1975), S. 1994–2001

Landau 1985
LANDAU, E.M.: *Lehrbuch der theoretischen Physik Bd. 8 - Elektrodynamik der Kontinua.* 4. überarb. Auflage, Akademie-Verlag, Berlin, 1985

Leventis und Dass 2005
LEVENTIS, N. ; DASS, A.: Demonstration of the elusive concentration-gradient paramagnetic force. In: *J. Am. Chem. Soc.* 127 (2005), S. 4988–4989

Leventis u. a. 2007
LEVENTIS, N. ; DASS, A. ; CHANDRASEKARAN: Mass transfer effects on the electropolymerization current efficiency of 3-methylthiophene in the magnetic field. In: *J. Solid State Electrochem.* 11 (2007), S. 727–735

Leventis und Gao 2001
LEVENTIS, N. ; GAO, X.: Magnetohydrodynamic Electrochemistry in the Field of Nd-Fe-B Magnets. Theory, Experiment, and Application in Self-Powered Flow Delivery Systems. In: *Anal. Chem.* 73 (2001), S. 3981–3992

Leveque 1928
LEVEQUE, M.: Les lois de la transmission de chaleur par convection. In: *Annales des Mines ou Recueil de Mémoires sur l'Exploitation des Mines et sur les Sciences et les Arts qui s'y Rattachent, Mémoires* Tome XIII (13) (1928), S. 210–239

Levich 1942
LEVICH, B.: The theory of concentration polarization. In: *Acta Physicochimica U.R.S.S.* XVII no. 5-6 (1942), S. 257–307

Lide 2004
LIDE, David R. (Hrsg.): *CRC Handbook of Chemistry and Physics.* 84. Ed. 2003-2004. CRC Press LLC, 2004

Lioubashevski u. a. 2007a
LIOUBASHEVSKI, O. ; KATZ, E. ; WILLNER, I.: Effects of Magnetic Field Directed Orthogonally to Surfaces on Electrochemical Processes. In: *J. Phys. Chem. C* 111 (2007), S. 6024–6032

Lioubashevski u. a. 2007b
Lioubashevski, O. ; Katz, E. ; Willner, I.: Magnetic Field Effects on Electrochemical Processes: A Theoretical Hydrodynamic Model. In: *J. Phys. Chem. B* 108 (2007), S. 5778–5784

Liu 2000
Liu, M.: Range of Validity for the Kelvin Force. In: *Phys. Rev. Lett.* 84 (2000), S. 2762

Mattson und Bockris 1959
Mattson, E. ; Bockris, J. O.: Galvanostatic studies of the kinetics of deposition and dissolution in the copper + copper sulphate system. In: *Trans. Faraday Soc.* 55 (1959), S. 1586–1601

Mohanta und Fahidy 1978
Mohanta, S. ; Fahidy, T.Z.: Magnetoelectrolysis in non-uniform solenoidal magnetic fields. In: *J. Appl. Electroche.* 8 (1978), S. 265–267

Moreau 1990
Moreau, Rene: *Magnetohydrodynamics.* Kluwer Academic Press, Dordrecht, 1990

Mutschke und Bund 2008
Mutschke, G. ; Bund, A.: On the 3D character of the magnetohydrodynamic effect during metal electrodeposition in cuboid cells. In: *Electrochem. Commun.* 10 (2008), S. 597–601

Mutschke u. a. 2008
Mutschke, G. ; Cierpka, C. ; Weier, T. ; Eckert, K. ; Muehlenhoff, S. ; Bund, A.: On three-dimensional magnetic field effects during metal deposition in cuboid cells. In: *ECS Transactions* 13 (16) (2008), S. 9–13

Mutschke u. a. 2006
Mutschke, G. ; Gerbeth, G. ; Albrecht, T. ; Grundmann, R.: Separation control at hydrofoils using Lorentz forces. In: *Eur. J. Mech.-B/Fluids* 25 (2) (2006), S. 137–152

Mutschke u. a. 1997
Mutschke, G. ; Gerbeth, G. ; Shatrov, V. ; Tomboulides, A.: Two- and three-dimensional instabilities of the cylinder wake in an aligned magnetic field. In: *Phys. Fluids* 9 (1997), S. 3114–3116

Mutschke u. a. 2001
Mutschke, G. ; Gerbeth, G. ; Shatrov, V. ; Tomboulides, A.: The scenario of three-dimensional instabilities of the cylinder wake in an external magnetic field: A linear stability analysis. In: *Phys. Fluids* 13 no. 3 (2001), S. 723–734

Mutschke u. a. 2010a
Mutschke, G. ; Hess, A. ; Bund, A. ; Fröhlich, J.: On the origin of horizontal counter-rotating electrolyte flow during copper magnetoelectrolysis. In: *Electrochim. Acta* 55 (2010), S. 1543–1547

Mutschke u. a. 2009
Mutschke, G. ; Schäfer, P. ; Weier, T. ; Bund, A. ; Fröhlich, J.: Numerical and experimental results on Lorentz force driven flows during electrodeposition of copper in homogeneous magnetic fields. In: *Proc. 6th Int. Conf."Electromagnetic Processing of Materials" EPM2009* 19.-23.10.2009, Dresden (2009), S. 461–464

Mutschke u. a. 2012a
Mutschke, G. ; Tschulik, K. ; Uhlemann, M. ; Bund, A. ; Fröhlich, J.: Comment on Magnetic Structuring of Electrodeposits. In: *Phys. Rev. Lett.* accepted (2012)

Mutschke u. a. 2012b
Mutschke, G. ; Tschulik, K. ; Weier, T. ; Uhlemann, M. ; Bund, A. ; Alemany, A. ; Fröhlich, J.: On the action of magnetic gradient forces in micro-structured copper deposition. In: *Magnetohydrodynamics* 48 (2012), S. 299–304

Mutschke u. a. 2010b
Mutschke, G. ; Tschulik, K. ; Weier, T. ; Uhlemann, M. ; Bund, A. ; Fröhlich, J.: On the action of magnetic gradient forces in micro-structured copper deposition. In: *Electrochim. Acta* 55 (2010), S. 9060–9066

Mühlenhoff u. a. 2012
Mühlenhoff, S. ; Mutschke, G. ; Koschichow, D. ; Yang, X. ; Bund, A. ; Odenbach, S. ; Eckert, K.: Lorentz-force-driven convection during copper magnetoelectrolysis in the presence of a supporting buoyancy force. In: *Electrochim. Acta* 69 (2012), S. 209–219

Nelissen u. a. 2004
Nelissen, G. ; Van Theemsche, A. ; Dan, C. ; Van Den Bossche, B. ; Deconinck, J.: Multi-ion transport and reaction simulations in turbulent parallel plate flow. In: *J. Electroanal. Chem.* 563 (2004), S. 213–220

Nelissen u. a. 2007
Nelissen, G. ; Weyns, G. ; Maciel, P. ; Vyver, O.V. ; Deconinck, H.: Numerical study of the influence of the anode position and the electrolyte flow on the deposition of copper on a wire. In: *Electrochim. Acta* 52 (2007), S. 6584–6591

Newman und Thomas-Alyea 2004
Newman, John ; Thomas-Alyea, Karen E.: *Electrochemical Systems.* John Wiley and Sons, Hoboken, New Jersey, Third edition, 2004

NgoBoum und Alemany 1999
NgoBoum, G.B. ; Alemany, A.: Numerical simulations of electrochemical mass transfer in electromagnetically forced channel flows. In: *Electrochimica Acta* 44 (1999), S. 1749–1760

Odenbach 2002
Odenbach, S. (.: *Ferrofluids.* Lecture Notes in Physics Bd. 594, Springer, Berlin, 2002

Olivas u. a. 2004
OLIVAS, P. ; ALEMANY, A. ; BARK, F.H.: Electromagnetic control of electroplating of a cylinder in forced convection. In: *J. Appl. Electrochem.* 34 (2004), S. 19–34

Osafo-Acquaah u. a. 2008
OSAFO-ACQUAAH, A. ; FOSTER, D.G. ; JOURNE, J.: Isotropic effect of fluid flow on scaling of surface roughness during copper electrodeposition. In: *J. Electrochem. Soc.* 155 (2008), S. D270–D277

Pai 1962
PAI, S.I.: *Magnetogasdynamics and Plasma Dynamics.* Springer, Wien, 1962

Pamme 2007
PAMME, N.: Continuous flow separations in microfluidic devices. In: *Lab on a Chip* 7 (2007), S. 1644–1659

Patterson und Imberger 1980
PATTERSON, J. ; IMBERGER, J.: Unstedy natural convection in a rectangular cavity. In: *J. Fluid Mech.* 100 (1980), S. 65–86

Probstein 2003
PROBSTEIN, Ronald F.: *Physicochemical Hydrodynamics.* 2. Auflage, J. Wiley & Sons Inc., Hoboken, NJ, 2003

Pullins u. a. 2001
PULLINS, M.D. ; GRANT, K.M. ; WHITE, H.S.: Microscale confinement of paramagnetic molecules in magnetic field gradients surrounding ferromagnetic microelectrodes. In: *J. Phys. Chem. B* 105 (2001), S. 8989–8994

Ragsdale u. a. 1998
RAGSDALE, S.R. ; GRANT, K.M. ; WHITE, H.S.: Electrochemically generated magnetic forces. Enhanced transport of a paramagnetic redox species in large, nonuniform magnetic fields. In: *J. Am. Chem. Soc.* 120 (51) (1998), S. 13461–13468

Rennert u. a. 1986
RENNERT, P. ; SCHMIEDEL, H. ; WEISSMANTEL, C. (.: *Kleine Enzeklopädie Physik.* Bibliographisches Institut Leipzig, 1986

Rosensweig 1985
ROSENSWEIG, R.E.: *Ferrohydrodynamics.* Cambridge University Press, 1985

Sanchez-Barriga u. a. 2007
SANCHEZ-BARRIGA, J. ; LUCAS, M. ; RIVERO, G. ; MARIN, P. ; HERNANDO, A.: Magnetoelectrolysis of Co nanowire arrays grown in a track-etched polycarbonate membrane. In: *J. Magn. Magn. Mat.* 312 (2007), S. 99–106

Schaefer 2009
SCHAEFER, P.: *Dreidimensionale Messung des Geschwindigkeitsfeldes bei der Elektrolyse unter Magnetfeldeinfluss in kubischen Zellen.* Großer Beleg, TU Dresden, Fakultät Maschinenwesen, Institut für Strömungsmechanik, 19. Juni 2009

Selent 2011
SELENT, R.: *Numerische Simulation von zeitlich gesteuerten elektrochemischen Metallabscheidungen in inhomogenen Magnetfeldern.* Diplomarbeit, TU Dresden, Fakultät Maschinenwesen, Institut für Strömungsmechanik, 6. Oktober 2011

Shercliff 1965
SHERCLIFF, J.A.: *A Textbook of Magnetohydrodynamics.* Pergamon Press, Oxford, 1965

Shizuo Fujiwara u. a. 1968
SHIZUO FUJIWARA, S. ; UMEZAWA, Y. ; KUGO, T.: Effect of Static Magnetic Field on irect Current Polarography. In: *Anal. Chem.* 40 (1968), S. 2186–2190

Sueptitz u. a. 2009
SUEPTITZ, R. ; KOZA, J. ; UHLEMANN, M. ; GEBERT, A. ; SCHULTZ, L.: Magnetic field effect on the anodic behaviour of a ferromagnetic electrode in acidic solutions. In: *Electrochim. Acta* 54 (2009), S. 2229–2233

Sugiyama u. a. 2004
SUGIYAMA, A. ; HASHIRIDE, M. ; MORIMOTO, R. ; NAGAI, Y. ; AOGAKI, R.: Application of vertical micro-disk MHD electrode to the analysis of heterogeneous magnetoconvection. In: *Electrochim. Acta* 49 (2004), S. 5115–5124

Süptitz 2011
SÜPTITZ, Ralph: Einfluss homogener und inhomogener Magnetfelder auf die Korrosion ferromagnetischer Elektroden. In: *Dissertation, TU Dresden* (2011)

Tacken und Janssen 1995
TACKEN, R.A. ; JANSSEN, L.J.J.: Applications of Magnetoelectrolysis. In: *J. Appl. Electrochem.* 25 (1995), S. 1–5

Tagawa u. a. 2002
TAGAWA, T. ; SHIGEMITSU, R. ; OZOE, H.: Magnetizing force modeled and numerically solved for natural convection of air in a cubic enclosure: effct of the direction of the magnetic field. In: *Int. J. Heat Mass Transf.* 45 (2002), S. 267–277

Tanimoto u. a. 1997
TANIMOTO, Y. ; KATSUKI, A. ; YANO, H. ; WATANABE, S.: Effect of high magnetic field on the silver deposition from its aqueous solution. In: *J. Phys. Chem. A* 101 (1997), S. 7359–7363

Tian u. a. 2005
TIAN, F. ; ZHU, J. ; WEI, D. ; SHEN, Y.T.: Magnetic field assisting DC electrodeposition: general methods for high-performance Ni nanowire array fabrication. In: *J. Phys. Chem. B* 109 (2005), S. 14853–14854

Tritton 1988
TRITTON, D.J.: *Physical Fluid Dynamics.* Second edition, Oxford Univ. Press Inc., New York, 1988

Tschaar 2011
TSCHAAR, C.: *Transiente numerische Simulationen elektrochemischer Abscheidungen in inhomogenen Magnetfeldern.* Bachelorarbeit, TU Ilmenau, Fak. MatNat, Inst. f. Physik, 17. Dezember 2011

Tschulik u. a. 2011a
TSCHULIK, K. ; CIERPKA, C. ; GEBERT, A. ; SCHULTZ, L. ; KÄHLER, C.J. ; UHLEMANN, M.: Zeitaufgelöste 3D3K Geschwindigkeitsfeldmessungen mit der fernmikroskopischen Astigmatismus PTV zur Analyse der elektrochemischen Kupferabscheidung. In: *Technisches Messen* 78 (2011), S. 232–238

Tschulik u. a. 2011b
TSCHULIK, K. ; CIERPKA, C. ; MUTSCHKE, G. ; GEBERT, A. ; SCHULTZ, L. ; UHLEMANN, M.: Clarifying the Mechanism of Reverse Structuring during Electrodeposition in Magnetic Gradient Fields. In: *Analyt. Chem.* 84 (2011), S. 2328–2334

Tschulik u. a. 2009
TSCHULIK, K. ; KOZA, J.A. ; UHLEMANN, M. ; GEBERT, A. ; SCHULTZ, L.: Effects of well-defined magnetic field gradients on the electrodeposition of copper and bismuth. In: *Electrochem. Comm.* 11 (2009), S. 2244–2244

Tschulik u. a. 2010a
TSCHULIK, K. ; KOZA, J.A. ; UHLEMANN, M. ; GEBERT, A. ; SCHULTZ, L.: Electrodeposition of Structured Metallic Layers in Magnetic Gradient Fields. In: *ECS Transactions* 25 (41) (2010), S. 149–155

Tschulik u. a. 2010b
TSCHULIK, K. ; SÜPTITZ, R. ; KOZA, J. ; UHLEMANN, M. ; MUTSCHKE, G. ; WEIER, T. ; GEBERT, A. ; SCHULTZ, L.: Studies on the patterning effect of copper deposits in magnetic gradient fields. In: *Electrochim. Acta* 56 (2010), S. 297–304

Tschulik u. a. 2011c
TSCHULIK, K. ; SÜPTITZ, R. ; UHLEMANN, M. ; SCHULTZ, L. ; GEBERT, A.: Electrodeposition of separated 3D metallic structures by pulse-reverse plating in magnetic gradient fields. In: *Electrochim. Acta* 56 (2011), S. 5174–5177

Tschulik u. a. 2011d
TSCHULIK, K. ; YANG, X. ; MUTSCHKE, G. ; UHLEMANN, M. ; ECKERT, K. ; SÜPTITZ, R. ; SCHULTZ, L. ; GEBERT, A.: How to obtain structured metal deposits from diamagnetic ions in magnetic gradient fields. In: *Electrochem. Comm.* 13 (2011), S. 946–950

Tschulik 2012
TSCHULIK, Kristina: Structured electrodeposition in magnetic gradient fields. In: *Dissertation, TU Dresden* (2012)

Tyler u. a. 1998
TYLER, R.H. ; SANFORD, T.B. ; UNSWORTH, M.J.: Propagation of electromagnetic fields in the coastal ocean with applications to underwater navigation and communication. In: *Radio Science* 33(4) (1998), S. 967–987

Uhlemann u. a. 2003a
UHLEMANN, A. ; CHOPART, J.P. ; GEBERT, A.: Electrochemical Deposition of Co under the Influence of High Magnetic Fields. In: *J. Electrochem. Soc.* 152 (2003), S. C817–C826

Uhlemann 2012
UHLEMANN, M.: Private Mitteilung. (2012)

Uhlemann u. a. 2003b
UHLEMANN, M. ; GEBERT, A. ; HERRICH, M. ; KRAUSE, A. ; CZIRAKI, A. ; SCHULTZ, L.: Electrochemical deposition and modification of Co/Cu-Co multilayer. In: *Electrochim. Acta* 48 (2003), S. 3005–3011

Urbach u. a. 2003
URBACH, A.R. ; LOVE, J.C. ; PRENTISS, M.G. ; WHITESIDES, M.: Sub-100nm confinement of magnetic nanoparticles using localized magnetic field gradients. In: *J. Am. Chem. Soc.* 125 (2003), S. 12704–12705

Volgin und Davydov 2010
VOLGIN, V.M. ; DAVYDOV, A.D.: Numerical Simulation of Natural Convection of Electrolyte Solution with Three Types of Ions in the Electrochemical Cell with Vertical Electrodes. In: *Russ. J. Electrochem.* 40 (2010), S. 1360–1372

Wagner 1949
WAGNER, C.: The role of natural convection in electrolytic processes. In: *J. Electrochem. Soc.* 95 (1949), S. 161–173

Wakayama u. a. 2001
WAKAYAMA, N.I. ; OKADA, T. ; OKANO, J. ; OZAWA, T.: Magnetic promotion of oxygen reduction reaction with Pt catalyst in sulfuric acid solutions. In: *Jpn. J. Appl. Phys.* 40 (2001), S. L269–L271

Waskaas 1993
WASKAAS, M.: Short-term effects of magnetic fields on diffusion in stirred and unstirred paramagnetic solutions. In: *J. Phys. Chem.* 97 (1993), S. 6470–6476

Weier 2005
WEIER, T.: *Elektromagnetische Strömungskontrolle mit wandparallelen Lorentzkräften in schwach leitfähigen Fluiden.* Dissertation, TU Dresden, Fakultät Maschinenwesen, 24. Juli 2005

Weier u. a. 2007
WEIER, T. ; ECKERT, K. ; MUEHLENHOFF, S. ; CIERPKA, C. ; BUND, A. ; UHLEMANN, M.: Confinement of paramagnetic ions under magnetic field influence: Lorentz versus concentration gradient force based explanations. In: *Electrochem. Comm.* 9 (2007), S. 2479–2483

Weier und Gerbeth 2004
WEIER, T. ; GERBETH, G.: Control of Separated Flows by Time-Periodic Lorentz Forces. In: *Eur. J. Mech.-B/Fluids* 23 (6) (2004), S. 835–849

Weier und Weiss 2001
WEIER, T. ; WEISS, F.P.: Elektromagnetische Kontrolle von Transportprozessen in elektrochemischen Verfahren. In: *Sonderforschungsbereich 1894* Finanzierungsantrag 2002-2004 (2001), S. 351–376

Wilke 1953a
WILKE, C.R.: Correlation of limiting currents under free convection conditions. In: *J. Electrochem. Soc.* 100 (1953), S. 513–523

Wilke 1953b
WILKE, C.R.: Free-Convection Mass Transfer at Vertical Plates. In: *Chem. Eng. Progr.* 49 (1953), S. 663–674

Yang u. a. 2008a
YANG, X. ; ECKERT, K. ; HEINZE, A. ; UHLEMANN, M.: The concentration field during transient natural convection between vertical electrodes in a small-aspect-ratio cell. In: *J. Electroanal. Chem.* 613 (2008), S. 97–107

Yang u. a. 2008b
YANG, X. ; ECKERT, K. ; MÜHLENHOFF, S. ; ODENBACH, S.: On the decay of the Lorentz-force-driven convection in vertical concentration stratification during magnetoelectrolysis. In: *Electrochim. Acta* 54 (2008), S. 7056–7065

Yang u. a. 2009
YANG, X. ; ECKERT, K. ; MÜHLENHOFF, S. ; UHLEMANN, M. ; ODENBACH, S.: Pulse magnetoelectrolysis. In: *Electrochem. Comm.* 11 (2009), S. 318–322

Yang u. a. 2008c
YANG, X. ; ECKERT, K. ; SEIDEL, K. ; UHLEMANN, M.: The start-up of natural convection during copper electrolysis in the presence of an opposing Lorentz force. In: *Electrochim. Acta* 54 (2008), S. 352–359

Zandbergen und Dijkstra 1987
ZANDBERGEN, P.J. ; DIJKSTRA, D.: Von Karman Swirling Flows. In: *Ann. Rev. Fluid Mech.* 19 (1987), S. 465–491

Zhao u. a. 2007
ZHAO, H. ; ZHANG, B. ; ZHANG, J. ; ZHANG, L. ; HAN, X. ; XU, P. ; ZHOU, Y.: Single magnetic particle dynamics in a microchannel. In: *Phys. Fluids* 19 (2007), S. 17102

Zhao u. a. 2010
ZHAO, H. ; ZHANG, B. ; ZHANG, J. ; ZHANG, L. ; HAN, X. ; XU, P. ; ZHOU, Y.: Field-assisted synthesis and electromagnetic properties of aligned magnetic nanostructures by gymma-irradiation induced reduction. In: *J. Phys. Chem. C* 114 (2010), S. 21214–21218